极彩色的魔术师

藤原CG插画绘制技法

[日] 藤原　著

刘美凤　译

北京出版集团公司

北京美术摄影出版社

图书在版编目（CIP）数据

极彩色的魔术师 ：藤原CG插画绘制技法 ／ （日）藤原著；刘美凤译 . — 北京 ： 北京美术摄影出版社，2016.9
ISBN 978-7-80501-918-5

I . ①极… II . ①藤… ②刘… III . ①三维动画软件
IV . ① TP391.41

中国版本图书馆CIP数据核字（2016）第139477号

北京市版权局著作权合同登记号：01-2015-8675

极彩色的魔术师

藤原CG插画绘制技法

JI CAISE DE MOSHUSHI

[日] 藤原 著

刘美凤 译

出　版　北京出版集团公司
　　　　北京美术摄影出版社
地　址　北京北三环中路6号
邮　编　100120
网　址　www.bph.com.cn
总发行　北京出版集团公司
发　行　京版北美（北京）文化艺术传媒有限公司
经　销　新华书店
印　刷　鸿博昊天科技有限公司
版印次　2016年9月第1版　2019年3月第4次印刷
开　本　889毫米×1194毫米 1/16
印　张　14
字　数　175千字
书　号　ISBN 978-7-80501-918-5
定　价　68.00元

如有印装质量问题，由本社负责调换
质量监督电话　010-58572393

第1章

使用优动漫PAINT（CLIP STUDIO PAINT）
和openCanvas绘制线稿

第1章 使用优动漫PAINT（CLIP STUDIO PAINT）和openCanvas绘制线稿

在第1章中，我将从使用优动漫PAINT（CLIP STUDIO PAINT）绘制草稿说起，围绕用openCanvas绘制线稿的步骤进行介绍。

确定草稿的大致样式

01 启动优动漫PAINT（CLIP STUDIO PAINT），选择菜单栏的"文件"→"新建"，创建一张新画布。利用"图层"→"新建图层"→"栅格图层"，边增加新图层，边绘制草稿。

新建一张尺寸为297mm×420mm、分辨率为350的画布

02 思考构图。假设这张图是封面，同时还要考虑到上方有标题时的布局情况。

俯视构图的草稿。标题与人物头部重叠，画面给人感觉非常局促

调低草稿图层的不透明度，新建一个用于画透视线的图层。

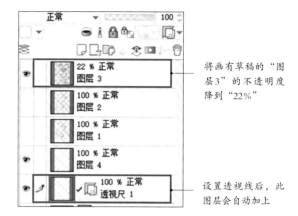

将画有草稿的"图层3"的不透明度降到"22%"

设置透视线后，此图层会自动加上

03 使用"对象"工具，根据草稿调整视平线和消失点的位置。吸附于设置的透视尺，画透视线。画草稿时，该透视线将成为基准线。

① 选择"对象"工具

（② 见左下图）

③ 将"浓芯铅笔"工具的笔刷尺寸设为"59.9"，笔刷浓度设为"100"

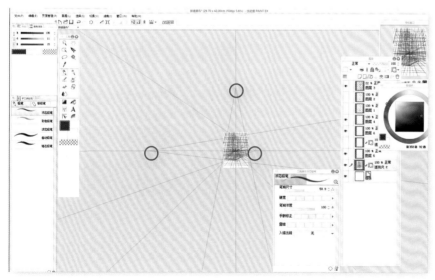

② 使用"对象（オブジェクト）"工具，根据草稿调整视平线和消失点的位置

04 这是画透视线的步骤。仅时钟部分需要另外制作透视尺，并用红线找出透视点。但是在后面，详见第10页的步骤02，我把时钟方向修改成了正面朝前，所以这些透视线最终并未使用。

吸附于透视尺，画透视线。红线画的是时钟。时钟使用2点透视尺，另外选取透视点

软件

绘图软件优动漫PAINT（CLIP STUDIO PAINT）

优动漫PAINT（CLIP STUDIO PAINT）是专门用于画插画的绘图软件。它用铅笔、画笔工具中的矢量形式进行描绘，可对头部与身高比例以及体型自由进行变形，并且搭载了多种用于绘制插画的功能，可以作为作画的参考，如3D素描人偶和3D背景功能等。它准备的画笔种类也很丰富，有铅笔、毛笔、G笔和绘图笔等，可以画出各种不同笔触的线条。

我主要在画厚涂风格的人物画和给背景上色时使用这种软件。由于它也支持64bit，所以也适合绘制大尺寸的插画。除了Windows版本之外，这种软件还有Mac OS版本。此外，它还搭载具备漫画制作功能的"优动漫PAINT EX"版本。

在草稿中设置透视尺

 设置3点透视尺。透视尺图层是画草稿线时的基准线。根据草稿调整视平线和消失点，找到透视点。

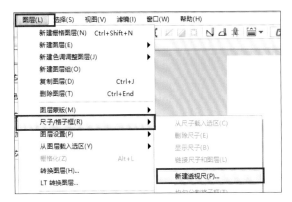

① 选择菜单栏的"图层"→"尺子/格子框"→"新建透视尺"

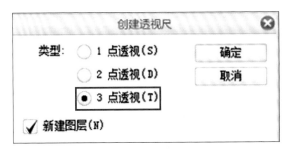

② 勾选"新建图层"，选择"3点透视"

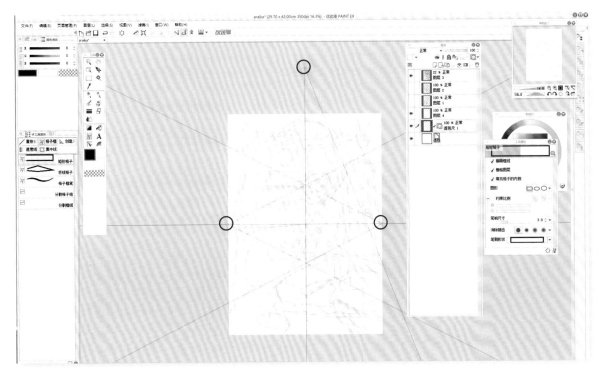

③ 在透视尺上画上基准线

03 我还画了一幅倾斜构图的草稿。由于脑海中已经确定了"少女+日式古董时钟"的基本结构，所以倾斜构图也按照这一主题进行绘制。

倾斜构图的草稿与俯视构图的草稿要素基本一致

04 由于俯视构图给人感觉非常拥挤，所以舍弃不用。下面利用倾斜构图绘制草稿。在背景图层添加时钟和陪衬物，确定草稿样式。

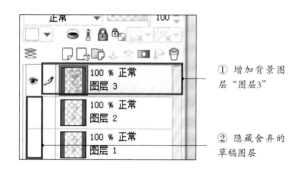

① 增加背景图层"图层3"

② 隐藏舍弃的草稿图层

在背景图层中添加时钟和陪衬物

技巧

关于插画的透视点

本插画中使用的是不规则的3点透视法。在绘制插画时，透视点充其量只是一项辅助功能。不要过于被正确性所束缚，不要害怕失败，把要表现的气氛作为第一要务，大胆挑战吧！

01 3点透视法中的"高度的消失点"超出视平线时，需要另行设置消失点。因此，说老实话，此次插画的透视点并不准确。如果设置正确的透视点的话，将成为左下图中的样子。但如果选择这种方式，要表现的气氛就很难传达出来。所以，我这次决定采用右下图的变形透视点进行绘制。

要表现的透视感类似于这张照片的倾斜构图

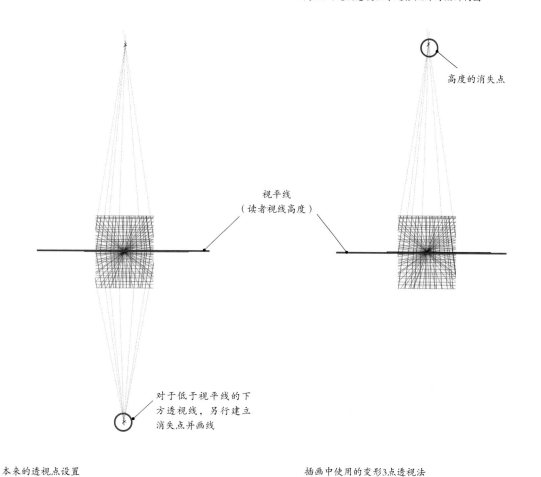

高度的消失点

视平线
（读者视线高度）

对于低于视平线的下方透视线，另行建立消失点并画线

本来的透视点设置

插画中使用的变形3点透视法

技巧

透视尺的设置与透视线的画法

如果不擅长找透视点，建议临摹建筑图片，练习找出消失点，培养透视感。此外，由于1点透视→2点透视→3点透视的难度依次加大，所以建议首次使用透视尺的人员先从使用1点透视开始。

01 我们来画1点透视的草稿。1点透视法用于从正面观察物体的构图。而希望表现的空间和背景的气氛则用徒手描绘。这时，最好一起确定大致的视平线。

视平线

02 新建1点透视的透视尺，一边调整辅助线（从消失点扩散出来的紫色线条），一边寻找与徒手绘制的线条相符合的消失点。需要使草稿与消失点相吻合。

视平线

墙壁的横线与辅助线吻合

03 设置消失点后，实际上需要画几条线与透视尺吸附，确认画面是否符合构思。

操作

透明区域的操作 ▼

可供选择的对象 ▼

透视尺
☑吸附

勾选"透视尺"栏的"吸附"

视平线

吸附尺子，画透视线

下面画一下2点透视的草稿。2点透视法用于从斜侧方观察物体的构图等情况。在漫画和插画背景中经常用到。这里画的是一幅人物站在房子前面的画。

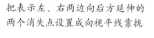

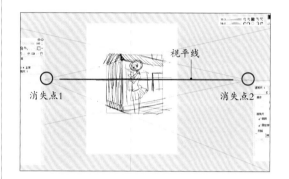

使用2点透视法绘制的草稿

把表示左、右两边向后方延伸的两个消失点设置成向视平线靠拢

 接着来画3点透视的草稿。绘制仰视大体积物体的倾斜构图，或者从高处向下俯瞰的俯视构图时，经常使用3点透视法。这里是把人物放在高高耸立的大厦前。

使用3点透视法绘制的草稿

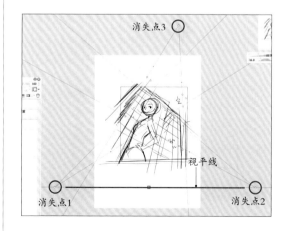

在2点透视法2个消失点的基础上，设置表示高度的第3个消失点。消失点3以大厦的横向宽度为基准线，画透视线

详细勾勒草稿，画出草图

01 绘制人物草图。这里使用"粗芯铅笔"工具。从工具栏中单击"铅笔"，打开"窗口"菜单子工具面板，选择"粗芯铅笔"工具。

 ① 选择"粗芯铅笔"工具

② 把笔刷尺寸设为"23.7"，笔刷浓度设为"81"

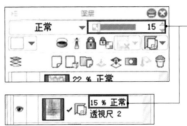

③ 使用滑块或者输入数值，降低图层的不透明度。不透明度可以在图层名称栏中确认

02 新建"图层5"，绘制时钟和倚靠在时钟上的少女。但是，我感觉构图有点不稳定，于是，新建一个"图层5副本"，对构图进行修改（后面把"图层5"删除，将副本图层与"图层7"合并）。

① 新建"图层5"

② 选择菜单栏的"图层"→"复制图层"，复制图层5，并对其进行修改

③ 单击"显示/隐藏图层"，隐藏图层5

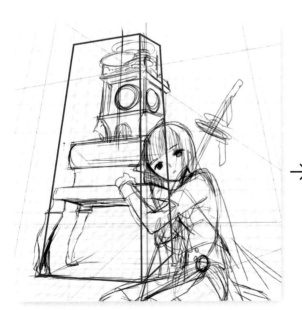

时钟朝斜对着镜头的方向安放

把时钟方向改为朝前

目录

重要说明

藤原：我使用的工具和作画环境说明

　　我主要使用的计算机是朋友帮忙组装的攒机。它搭载了64bit的Windows 7，配置内存为8GB。液晶显示器是三菱牌的27英寸"RDT272WX（BK）"。使用的手写板装备是WACOM的"Cintiq24HD"。大型液晶手写板画图时得心应手，远非普通手写板可比。因为我以前画图使用的是模拟软件，所以还是用手直接画线感觉更踏实一些。

　　此外，作为辅助作业环境，我还拥有搭载Windows 7（32bit）的笔记本电脑"dynabook EX/56KWH"和"Cintiq 13HD"，这样在外面时也可以工作。

　　此外，个人作业时不可或缺的一样东西是"音乐"。在符合画面气氛的音乐声中作画，画起来就会非常投入，仿佛融入了画中一样。画具有透明感的图画时，我会播放令人产生透明质感的曲子；画雄伟壮观的空间时，则会播放具有空间延伸感的曲子。根据曲子的旋律，还能对图画的气氛进行控制。

本书软件相关说明

　　本书中，藤原使用的绘图软件CLIP STUDIO PAINT，其简体中文版为优动漫PAINT，因此本书涉及CLIP STUDIO PAINT的内容全部使用优动漫PAINT的面板。但截至本书出版之时，藤原使用的另一款软件openCanvas尚未推出简体中文版，所以书中涉及openCanvas的部分全部保留了日文面板，并在步骤正文中附上了原书的日文操作指令，以便对照查阅。

　　本书软件中所有数值单位均与软件本身面板界面统一，其中由于部分软件面板未标注单位，因此本书中这部分数值也不再标注，敬请理解。

本书内藤原所使用的素材下载地址发布于新浪微博**@牛奶系_绘画营养阅读，请前往免费下载，**获得更多绘画技法！

我是藤原

藤原（fuzichoco），生于千叶县，居于东京，是亚洲最热插画论坛PIXIV上综合人气榜著名画师，作品点击收藏量超3000万次，代表作有任天堂3DS游戏《勇气契约：飞天仙子》部分人物设计、集英社仓田英之《R.O.D》插图、电击文库《法布尔小姐的虫之荒园》插图等。曾在pixiv Zingaro举办个人展《藤色Fuji Shiki 2012——让彩虹留驻画面》。

 大家好！我是这本书的作者藤原。

我是一名插画师，主要活动范围是书籍插图、卡片游戏的插画、商品插画等领域。

从新建一张完全空白的画布一直到完成插画，我在这本书里对全部过程都做了详细讲解。在第1、2章中，讲解的是以人物为主的插画，其中也穿插了软件的基本使用方法，就算你是初学者，应该也能轻松掌握并且跟着我画出来哦。第3章讲解的是以背景为主的插画，在这部分里我没有再过多地重复基础内容，而是把讲解重点放在了附加技巧和思路展开的方面。

虽然之前我也曾多次公开绘制过程，讲解方法，但是**进行这么详细的讲解并且汇集成一本书，对我来说还是第一次**！每画一步，都要进行屏幕截图，然后再用语言表述出来，真是超乎想象的难！不过话说回来，能够借这个机会对自己的绘画过程从最基础的地方进行回顾，对于我来说也是一个学习的过程，而且得到了很多心得体会。

从开始画画那时起一直到今年，我的画画生涯可能已经有20年了，而开始画CG的时间差不多有10年，我却总感觉还是没有画出自己100%满意的作品。不过在这本书里，我还是很努力地将目前自己会的东西、可以传达给大家的东西，都尽力融入了进来，希望对你能有所帮助。

大家好！我是这本书的编辑小源。

各位爱画画的小伙伴，大家好！藤原老师的大名早在好几年前就已经耳闻，想来常混PIXIV插画论坛的你们也和我一样熟悉她的画作吧，所以这次有机会做她的第一本中文版教程，同时也是我做了多本原创书之后，负责的第一本引进类图书，感觉非常奇妙。

这本书最大的特点，就是讲解极其详细。藤原老师的画风一直以华丽见长，教程的编写也如此耐心，几乎是事无巨细地把所有绘画细节都介绍给了大家，读的时候都能感到老师本人满满的用心呢。

随本书免费赠送的藤原作品电子源文件更是非常珍贵，光是图层就有近百个，从最初的构思草图到完成过程中的层层特效，藤原老师全部都保留了下来分享给大家，这可是PIXIV插画论坛大触的第一手作品资料，赶快下载研究吧，相信你一定能从里面学到普通教程没有的东西！

原本以为做引进类图书很简单，工程开始以后才发现完全不是想象的那样，遇到了各种计划之外的难题。但抱着对这本书的期待和对藤原画作的喜爱，最终还是一一解决了，真是超有成就感！希望藤原老师和我们的用心能通过这本书传达到你那里，为你的绘画之路增加更多力量！

2016年夏

03 把透视线作为基准线，一边绘制草稿，一边详细勾勒。新建"图层7"，与粗略的草稿相比，这里更加细致地描绘人物、物体的位置和画面的平衡。

① 新建"图层7"

② 隐藏"透视尺2"。删除修改前的时钟草稿

③ 把笔刷尺寸设为"19.3"，笔刷浓度设为"80"

④ 包括背景和陪衬物在内的草稿大致完成

04 由于布局已经基本确定，所以接下来进行更为详细的草图绘制。把在步骤03中用于画草稿的"图层7"的不透明度降到22%。新建一个"图层5"，从人物开始绘制草图。

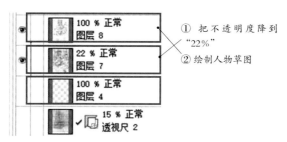

① 把不透明度降到"22%"

② 绘制人物草图

以画布中心为基准，画一条竖线

③ 把笔刷尺寸设为"19.3"，笔刷浓度设为"80"

④ 以不透明度降低的草稿图层为基础，绘制草图

按照头部、颈部到腰、腿、头发、佩刀和罩衫的顺序进行描绘。少女左侧放了一个纸糊大狗，把它的草图也一起画出来。纸糊狗是从江户时代流传下来的传统玩具。我非常喜欢它可爱的造型和配色，所以经常让它在作品中出镜。

① 在"图层6"中，把底座的顶板画为基准线

② 这是人物的草图图层

绘制人物和纸糊狗的草图

在绘制时钟草图之前，需要先确定底座的中心。首先，画出底座顶板的四角部分，然后使用"直线工具"画出底座的对角线，找出底座的中心，然后再画一条垂直线。

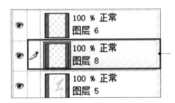

① 新建"图层8"

② 修改描画色

③ 切换为"直线"工具

（④ 见右图）

（⑤ 见右图）

④ 从对角线的中心画一条垂直线，同时画出时钟上部的基准线

⑤ 从底座顶板的四角画对角线

07 把在步骤06中画好的底座中心线作为基准线，绘制时钟的草图。

 ① 选择"粗芯铅笔"工具

② 把笔刷尺寸设为"29.1"，笔刷浓度设为"94"

 ③ 设置描画色

✎ 技巧

找到立体物的中心点

如果是具有透视感的物体，它的中心会很难找到，画出来的画容易歪斜。这种情况下，可从四边形的角画对角线找到中心点。不仅仅是四边形，只要是六边形、八边形等偶数边形和正多边形，这种方法都很有效。

例如，绘制高塔的三角形屋顶时，找到中心点之后再设置好高度，透视感就会非常强。不过，这不是画图，只是插画，所以并不苛求十分准确。逐渐习惯之后，用目测也会画得越来越好。

画顶端的尖屋顶等物体时，如果没找到中心点，画面就会失去平衡

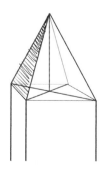

连接对角线找到中心点，设定高度

08 在"图层5"中画上不倒翁花瓶、金鱼充气玩具和金鱼饰物。这样，人物和主要陪衬物的位置就确定了。

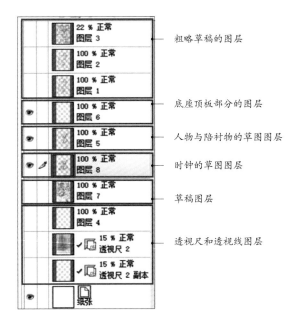

粗略草稿的图层

底座顶板部分的图层

人物与陪衬物的草图图层

时钟的草图图层

草稿图层

透视尺和透视线图层

人物与主要陪衬物的草图线稿绘制完毕

给草稿上色

01 下面进入给草稿上色阶段。我进行作品构思时，有时候是从颜色意象着手，有时候是从形态意象着手。此次是前者，所以在草稿阶段就上色，在还没有忘记色彩意象之前，先把色彩固定下来。与此相反，基本图案的形状非常粗糙。这里把"G笔"的不透明度设为75%左右。降低不透明度后，下面的草稿线条就会透出来，容易上色。

① 选择"钢笔"工具

② 从"钢笔"工具的子工具面板选择"G笔"

③ 把笔刷尺寸调到"20～80"，根据情况改变尺寸上色；把不透明度设为"75"，消除锯齿设为"中"

02 先从人物开始上色。给草稿上色不要花费太多时间，仅配好基色与阴影颜色即可。

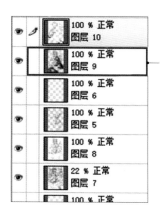
新建"图层9"

03 给周围的陪衬物和背景也涂上颜色。正式上色阶段也多按这一顺序进行。

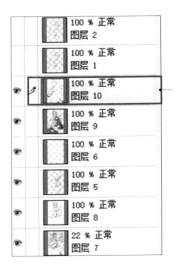

新建"图层10"，给陪衬物上色。上完色后，与"图层9"合并

给周围的陪衬物和地面上色

04 下面画位于时钟后面的书架、窗户和金鱼饰物。新建一个图层，用于给背景草稿上色。由于在此阶段尚未明确如何收尾，所以与人物和陪衬物相比，其形态和颜色更加粗略。

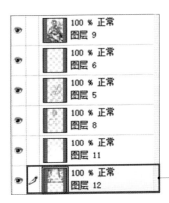

在"图层12"中仔细刻画背景

一并确定背景、时钟装饰与罩衫花纹的大致样式

05 新建一个图层，把混合模式变更为"线性减淡（发光）"，使用"喷枪"工具描绘照进房间的光线。这样就表现出了一种光线从后面的窗户射进来的效果。然后，给时钟和底座也都加上反光光线。

把"图层17"变更为"线性减淡（发光）"，把不透明度调整为"54%"。新建"图层19"，并把其调整为"颜色加深模式"

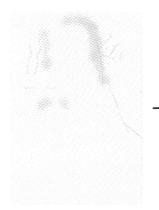

叠加上"线性减淡（发光）"图层

把"颜色加深"图层叠加在"图层17"上

加上光线效果

06 用"喷枪"工具给红色部件（金鱼饰物、时钟文字盘、茶花和罩衫）涂上红色，使"红色"得到强调。用这个红色引导视线走向，让读者不仅能看到人物，还能看到包括背景在内的整个画面。

① 新建"图层20"，并把混合模式设为"叠加"，不透明度设为"47%"

② 给"图层20"涂上红色，设成"叠加"模式并叠加上去

③ 红色显得更为突出，能够更加吸引目光

07 由于书架与地面相接的一层画得过于靠上，因此对在"图层12"中绘制的书架下层位置进行调整。

① 切换为"选区"工具，把要移动的部分圈起来

② 从"选区浮动工具栏"切换为"移动和变换"工具

选择书架的最底层

把书架略微向下移动

08 在画面的右前方画上装饰物，在罩衫下摆处画上纸牌。装饰物与纸牌属于另建图层，通过重复开、关显示动作，可对画面的整体平衡进行检查。

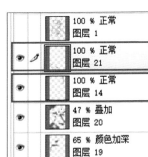

① 在着色图层与线稿图层之上的"图层14"中画上装饰物

② 在"图层21"中加上纸牌

加上从天花板垂下来的装饰物和纸牌

这是显示画装饰物的图层、隐藏纸牌图层的状态

这是显示画纸牌的图层、隐藏装饰物图层的状态

09 通过对比我决定保留纸牌，不要装饰物。草稿绘制到此结束。隐藏 "透视尺2" "图层4"和"图层2"，删除"图层1"和"图层3"。从"图层"面板菜单中选择"合并显示图层"，将图层合并起来。选择"文件"菜单"保存为指定格式"→".psd（Photoshop文档）"进行保存。

草图完成后的状态

将线稿与上色用的图层合并为1张图层

由于透视尺图层在下面的步骤中还要使用，所以不对其进行合并，保留不动

使用openCanvas绘制人物线稿

01 在开始绘制线稿前，建议在一些提供人体肌肉骨骼模型的网站进行一下绘画练习。在进行"人物线稿"绘制这一关键作业前，可以用这种方法热热身。

●30秒画画网
http://www.posemaniacs.com

可以把时间控制在30秒内对网页上随机显示的人体图进行描画训练

02 启动openCanvas，打开保存的草图图像。

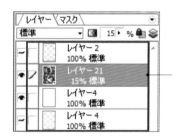

保留了用优动漫PAINT（CLIP STUDIO PAINT）建立的图层结构

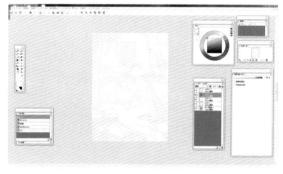

用openCanvas打开psd格式的草图数据

03 绘制线稿时，"铅笔（鉛筆）"工具的使用频率非常高，可以说，我画线稿几乎只使用这种工具。笔的浓度不要设成100%，调整到90%左右。这样一来，通过线条的重叠和用力程度就会呈现出微妙的浓度差。我通过这种线条的强弱和浓淡，在线稿中有意识地表现出仿真风格的笔触。画粗线时，不改变笔尖设置，而是通过反复画线条的方法使其得到加粗。

选择"铅笔（鉛筆）"工具

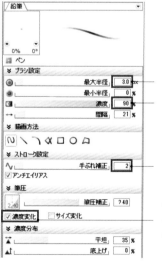

把最大半径（最大半径）设为"3.0px"

浓度（濃度）设为"90%"

手颤修正（手ブレ補正）设为"2"

打开"浓度变化（濃度变化）"，使浓度随笔压（筆压）发生变化

人物按照脸部轮廓、耳朵、眼睛、鼻子和嘴巴的顺序绘制。

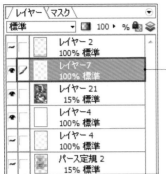

① 在草图图层上面新建"图层7（レイヤー7）"

（②见右图）

③ 使用"导航窗口（ナビゲータ）"面板，使显示图像倾斜40°左右

（④见右图）

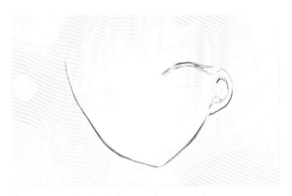

② 仔细刻画脸部的轮廓线。画眼睛时，从上睫毛开始画

④ 为了方便作画，把画布旋转（回转），描画双眼、眉毛、嘴巴和鼻子

软件

绘图软件openCanvas

openCanvas是一款具有仿真风格的绘图软件，它可以通过笔类工具进行详细设置，还搭载了画布旋转等功能。在图层混合模式中，它具备"通过"和"点光"等许多其他软件所不具备的功能，适用于表现复杂的色彩，也适用于在收尾阶段进行色调调整。此外，它还具有自动保存"事件档案"的绘制步骤的功能，可以对自己的绘画方法进行修改，也可以从任意一个地方开始修改。这款软件拥有一个专用发帖网站"portalgraphics.net"，在该网站上，可以对其他画手的事件档案进行观摩学习。

我非常喜欢铅笔工具画起来的感觉，所以画线稿时主要使用这款软件。

05 水平翻转显示画面，确认脸部左、右是否对称。如果不对称，使用"自由选择（自由選択）"工具把右眼部分圈起来，把它的位置向内侧移动少许。

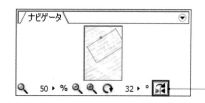

① 使用"导航窗口（ナビゲータ）"面板，单击水平翻转（左右反転）按钮

② 切换为"自由选择（自由選択）"工具

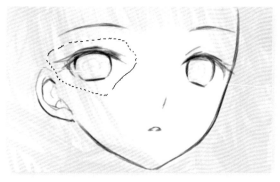 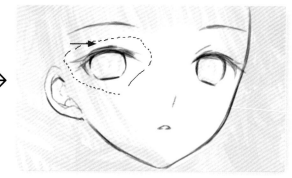

06 在刻画身体之前，用蓝色的线条把身体的轮廓线描出来，再次进行确认。

① 新建"图层8（レイヤー8）"

② 设置描画色（描画色）

07 下面进入头发线稿绘制阶段。为了表现出发丝的走势，至少对头发部分要全神贯注，线条要一气呵成。

在"图层7（レイヤー7）"上面新建"图层9（レイヤー9）"

从头顶开始画线条，使头发呈现出盖住头部的样子

08 刘海线条一气呵成画完之后，按照头发的切口，用"橡皮擦（消しゴム）"工具擦出被剪掉的感觉。虽然人物前额刘海整齐，但如果用线条把刘海切口部分封闭起来的话，会使人感觉过于沉重，所以线条要保持开放的状态。

切换为"橡皮擦（消しゴム）"工具，并把其半径（半径）设置为"13.9px"，不透明度（不透明度）设为"100％"

用"橡皮擦（消しゴム）"工具擦掉位于眉毛下方位置的发梢部分，把刘海弄齐

09 头发重叠的部分以及耳朵附近的部分要用力画，呈现出笔迹聚集的感觉。

多条线条叠合，表现出头发的重叠感

与耳朵重叠的部分形成阴影，用力多画几笔

10 考虑到人物是倚靠在时钟上的，所以在与刘海主要走势不同的方向上，加上几笔前额发缕，用"橡皮擦（消しゴム）"工具擦掉与加上的发缕重叠的刘海线条。头发线稿绘制工作到此暂时告一段落。因为这个人物是长头发，所以头发会垂到罩衫和时钟底座上。如果罩衫和底座的准确位置不确定，那么就无法画头发。

绘制服装与身体部分的线稿

 下面开始画茶花发饰。为了绘制方便，把头发线稿图层隐藏起来再开始画。

① 隐藏头发线稿图层

② 返回脸部线稿图层

③ 绘制茶花发饰

 接下来开始绘制服装的线稿。从袖襟开始描画。这种细小部件的设计多为临时决定。按照设定，这个袖襟是稍具厚度的金属牌，所以下侧的线条粗且浓。

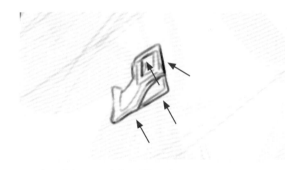

为了表现厚度，下侧线条画得粗一些

 接下来开始画衣袖部分。为了方便后面对其位置进行微调，不用画得非常到位，只要画到与小部件重叠的部分即可。

把"图层9（レイヤー9）"的名称改为"少女头发线稿（少女髪線画）"，把"图层7（レイヤー7）"的名称改为"少女线稿1（少女線画1）"

① 新建"少女线稿2（少女線画2）"图层

② 在"少女线稿1（少女線画1）"和"少女线稿2（少女線画2）"图层上面新建"图层11（レイヤー11）"

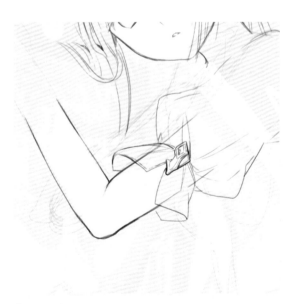

③ 画上胳膊和衣袖

我最不擅长画手，所以在画线稿之前，先画出手的详细草图。此外，手套的抽绳也会在别的图层加上，所以在线稿绘制阶段不画抽绳。

① 在"图层11（レイヤー11）"上面新建"图层12（レイヤー12）"

② 设置描画色（描画色）

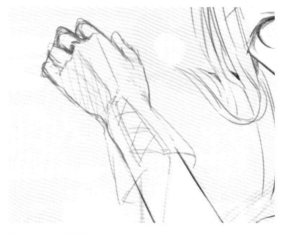

③ 画出手套的草图

 把"图层12（レイヤー12）"的不透明度降到65%。返回"图层11（レイヤー11）"，画出线稿的清稿。

① 把"图层12（レイヤー12）"的不透明度（不透明度）修改为"65%"

② 选择"图层11（レイヤー11）"

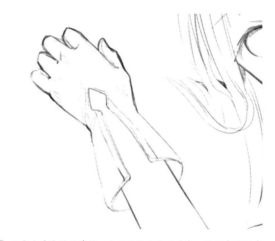

③ 画出左手线稿的清稿。由于设定它是皮手套，所以在线稿中加入了若干质感笔触

 接下来绘制服装。画的时候，要注意裙子的褶皱、裙摆以及开衩的装饰部分从腰部到腿部的起伏情况。

隐藏"图层12（レイヤー12）"

服装的线稿也建在"图层11（レイヤー11）"中

结合身体的线条，绘制服装

07 下面开始画露在裙子外面的腿部。腿与过膝袜衔接处的勒痕非常微妙！这个部位能够表现出皮肤的柔软感，是一个非常重要的细节。

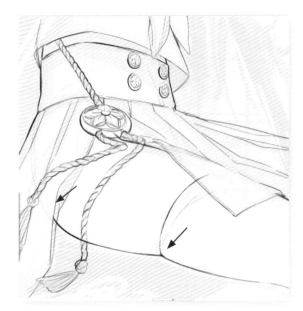

① 新建"图层13（レイヤー13）"

② 在"导航窗口（ナビゲータ）"面板中单击水平翻转（左右反転）按钮

③ 为了表现出皮肤的柔软感，稍微加粗线条，反复画几笔

08 对于大腿以下部分，与右手部分相同，先另外画好草图，再画线稿。鞋子是以乐福鞋为原型，在脚背上配上了花朵图案。

① 新建"图层14（レイヤー14）"，画草图

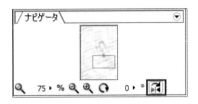

② 返回"图层13（レイヤー13）"，描画线稿

09 在右腿与左腿互相重叠的部分上，由于左腿的重量，右腿略微有些变形。通过刻画这一变形细节，能够更加表现出腿部的柔软感。

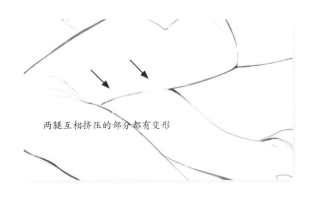

两腿互相挤压的部分都有变形

下面开始画罩衫的线稿。这是画面走势
和构图是否耐看的关键，所以与普通的
罩衫长度相比，这里格外加长了下摆的
长度。

① 新建"图层15
（レイヤー15）"

 ② 选择"铅笔（鉛筆）"工具，并把其最大半
径（最大半径）设为"3.0px"，浓度（濃度）
设为"90％"，间距（間隔）设为"21％"

（③ 见右图）

③ 画罩衫的线稿时，要注意观察整体的平衡关系

 感觉脖子过长，用"移动图层（レイヤー
移動）"工具把"少女线稿1（少女線
画1）"与"少女头发线稿（少女髪線
画）"向下移动。这时，如果打开图层
链接，就可以同时移动这两个图层。

① 选择"少女线稿1
（少女線画1）"图层

② 单击"少女头发线稿（少女髪線
画）"图层的图层链接（レイヤーリ
ンク）栏

 ③ 选择"图层移动（レイヤー移動）"工具

（④ 见右图）
（⑤ 见右图）

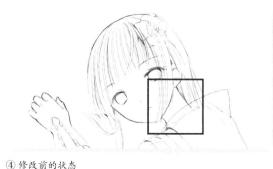

④ 修改前的状态

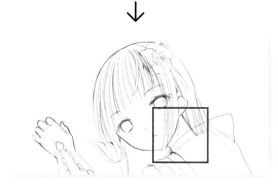

⑤ 在画布上调整脖子的位置

极彩色的魔术师
藤原CG插画绘制技法

12 佩刀与右手也是先另外画好草图，再画
线稿。右手设计成了在嘴边拨弄头发的
样子。画草图时，把工具的颜色调整为
蓝色。前面已经提到，我不擅长画手，
所以右手的线稿是用手机的照相机把自
己的手拍下来，参考照片画的。

① 新建"图层17（レイヤー17）"

② 设置描画色（描画色）。把"铅笔（鉛筆）"工具的最大半径（最大半径）设为"3.0px"，浓度（濃度）设为"90%"，间距（間隔）设为"21%"
（③见左下图）

④ 选择"少女线稿2（少女線画2）"图层

③ 画出佩刀与右手的草图

⑤ 改变描画色（描画色），画出右手的线稿

13 水平翻转显示画面，绘制佩刀的线稿。
刀身曲线使用"铅笔（鉛筆）"工具的
"描画曲线（曲線描画）"绘制。

① 在"导航窗口（ナビゲータ）"面板中单击水平翻转（左右反転）按钮

② 对"铅笔（鉛筆）"工具进行笔刷设置（ブラシ設定）：把最大半径（最大半径）设为
"2.0px"，浓度（濃度）设为"90%"，间距（間隔）设为"21%"

③ 把"铅笔（鉛筆）"工具的描画方法（描画方法）切换为"描画曲线（曲線描画）"

（④~⑦见右图）

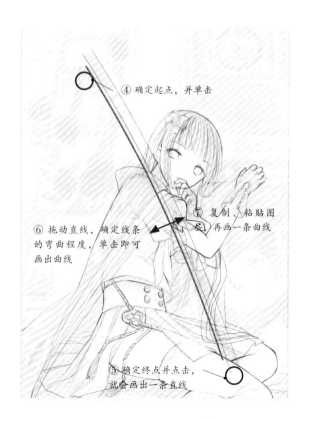

④ 确定起点，并单击
⑥ 拖动直线，确定线条的弯曲程度，单击即可画出曲线
⑦ 复制、粘贴图层，再画一条曲线
⑤ 确定终点并点击，就会画出一条直线

按照草图的线条，画好刀把和刀身装饰。这也是细节部分，除了"舒缓的S形曲线"之外，不确定的任何部分，按照当时的感觉即兴完成。

① 把"铅笔（鉛筆）"工具的最大半径（最大半径）设为"3.4px"，浓度（濃度）设为"90％"，间距（間隔）设为"21％"

② 把图层分成"图层21（レイヤー21）"（刀身与装饰）、"图层25（レイヤー25）"（护手与刀穗），分别进行刻画

在刀把与刀身上，画上类似于浮雕的叶子装饰

加上护手与刀穗。仔细刻画装饰部分的细节部分，加上线条，表现出厚度感

 切换为"少女头发线稿（少女髮線画）"图层。接着绘制之前中断的头发线稿。描画垂到罩衫上的头发。头发还垂到了少女头部倚靠的时钟的底座上。为了表现走势，头发画得较为夸张。因为长发能够表现出画面的节奏和走势，所以我非常钟爱这件法宝。除了这一因素，从个人角度来说，我也喜欢长发。人物部分的线稿大功告成。

选择"少女头发线稿（少女髮線画）"图层

绘制时钟的线稿

01 下面开始绘制时钟的线稿。由于在优动漫PAINT（CLIP STUDIO PAINT）中建立的透视尺无法挪到openCanvas中，所以需要重新设置透视尺。透视尺信息仅会保留为软件固有的文档格式，所以保存时需要注意。

```
定规(R)  ウインドウ(W)  ヘルプ(H)
  新規定規(R)        ▶
  新規パース(P)      ▶      1点透视(O)
                            2点透视(T)
  複製(D)                   3点透视(H)
  削除(E)
  プロパティ(O)...
```

选择菜单栏的"尺子（定规）"→"新建透视尺（新规パース）"→"2点透视（2点透视）"

02 把2点透视的尺子倾斜90°左右作为变形的1点透视使用。以优动漫PAINT（CLIP STUDIO PAINT）中建立的透视线图层作为参考，使中心点等重合。

① 在"尺子编辑（定规编集）"窗口，把设置的2点透视尺的角度（角度）设为"90.0°"，不透明度（不透明度）设为"60%"

（②～④见右图）

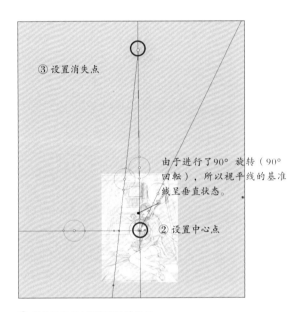

③ 设置消失点

由于进行了90°旋转（90°回转），所以视平线的基准线呈垂直状态。

② 设置中心点

④ 变成了类似1点透视的透视尺

03 如果只是这样，无法设置水平线，所以需要设置平行线尺。把这2种尺子结合起来使用，就变成了"变形的3点透视"。

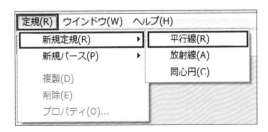

① 选择菜单栏的"尺子（定规）"→"新建尺子（新规定规）"→"平行线（平行线）"

② 设置平行线尺子

下面开始画时钟底座的线稿。画的时候，横线对齐平行尺子"尺子-3（定规-3）"，纵线对齐2点透视法尺子"尺子3（定规3）"。小件装饰和具有质感的笔触等徒手画上。所用工具与绘制人物线稿时相同，也是"铅笔（鉛筆）"工具。

③ 把"铅笔（鉛筆）"工具的最大半径（最大半径）设为"3.4px"，浓度（濃度）设为"90%"，间距（間隔）设为"21%"

① 在人物线稿图层下新建"图层27（レイヤー27）"

② 在"尺子（定规）"窗口中，使对齐按钮生效。需要对"尺子3（定规3）"和"尺子-3（定规-3）"分别进行设置

（③～⑤ 见右图）

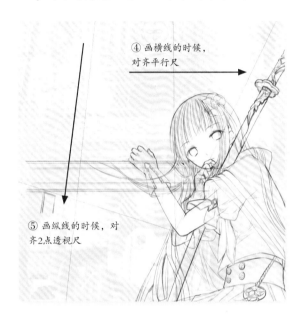

④ 画横线的时候，对齐平行尺

⑤ 画纵线的时候，对齐2点透视尺

 下面开始画底座的腿和木雕部分。考虑到木雕的立体感，把花朵形状右下侧的线条加粗。由于底座立柱部分的草稿过于复杂，所以先画出详细的草图，然后再画线稿。

① 新建"图层28（レイヤー28）"用于画草图

② 设置描画色（描画色）

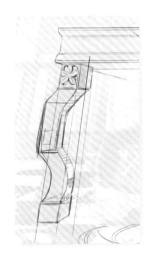

③ 画出底座腿的草图

④ 把右下部分线条加粗，使花朵呈现出立体感和投影

06 在"图层28（レイヤー28）"中，画上透视辅助线。画后面的桌腿时，从前面的桌腿延伸出透视线，并把它作为基准线进行描画。

① 把"图层28（レイヤー28）"的不透明度（不透明度）设为"29%"

② 新建"图层29（レイヤー29）"

③ 把在"图层28（レイヤー28）"中画的透视辅助线作为基准线，再在"图层29（レイヤー29）"中画上底座腿

07 对齐平行线尺，画上时钟和底座的横线，曲线部分徒手绘制。

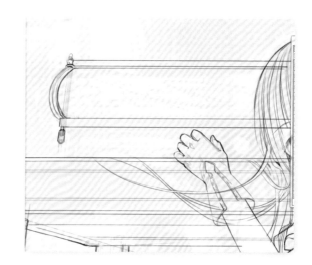

08 新建"图层30（レイヤー30）"，对时钟文字盘周围进行刻画。此处是左右对称，仅画出左半部分之后，用"选区（選択範囲）"工具圈起来，选择"编辑（編集）"菜单"复制（コピー）"。接下来选择"编辑（編集）"菜单"粘贴（貼り付け）"，就做好了新的"图层30（レイヤー30）"。

① 新建"图层30（レイヤー30）"

（② 见右图）

③ 粘贴选区，就会建立一个相同名字的图层

② 时钟装饰仅描画一半

09 选择复制的"图层30（レイヤー30）"，再选择菜单栏的"图层（レイヤー）"→"变形（変形）"→"水平翻转（左右反転）"，图层就会翻转。

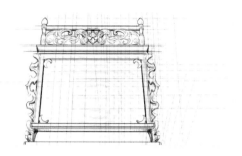

10 我注意到水平翻转部分略微不符合透视。于是，利用"选区（選択範囲）"工具把水平翻转部分圈起来，使用"自由变形（自由変形）"工具使其稍微歪一点。这样一来，造型就符合透视了。

选择"自由变形（自由変形）"工具

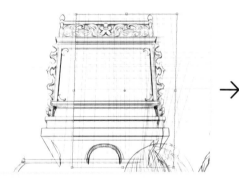

修改前的状态

对透视进行了修改

11 文字盘上贴上了我自制的日式时钟素材。由于需要一个装饰用的圆圈，我就把"铅笔（铅笔）"工具的描画方法改为"绘制椭圆"，画出了一个圆圈。把这个圆圈按照透视进行了自由变形处理，并放在文字盘周围。

① 从铅笔（铅笔）工具盘的"描画方法（描画方法）"单击"绘制椭圆（椭圆描画）"
（② 见左下图）

  ③ 选择"自由变形（自由変形）"工具

（④ 见下图）

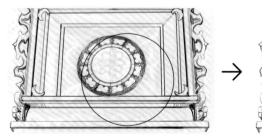

② 用"Shift"+拖动画出一个圆形

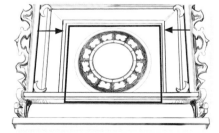

④ 按透视进行变形处理

文字盘的原创素材下载地址发布于新浪微博@牛奶系_绘画营养阅读，请前往免费下载

12 为了使位置关系一目了然，我在某种程度上也画出了被人物遮住部分的背景。但是，这样一来，线稿就重叠在一起，人物看起来不分明，所以在线稿下面放一张纯白图层，这样看起来就清楚多了。

	少女髮線画 100% 標準
	少女線画2 100% 標準
	少女線画1 100% 標準
	人物背景仮 100% 標準
	和時計 100% 標準

① 在人物线稿下面新建一张"人物临时背景（人物背景仮）"图层

（②和③见下图）

② 与其他的图层上画的线稿重合在一起，人物形象不清楚

③ 把"人物临时背景（人物背景仮）"图层的人物部分涂成白色

✎ 技巧

使参考图像一直显示在画面上

作画时，需要参考图像。我经常使用把窗口显示在最前面的"粘贴（貼り付け）"软件。

●粘贴（貼り付け）

http://www2.plala.or.jp/atu_t/

绘制陪衬物的线稿

 调低草图图层的不透明度（不透明度），对画面整体的平衡情况进行检查。

① 选择草图图层

② 把不透明度（不透明度）设为"70%"

③ 为了能看到整个画面，进行缩小显示

 用"自由选择（自由選択）"工具把纸糊狗圈起来，使用"移动图层（选区跟随）"工具向左移动。

 ② 选择"自由选择（自由選択）"工具，把纸糊狗圈起来

 ③ 选择"移动图层（选区跟随）［レイヤー移動（選択範囲追随）］"工具

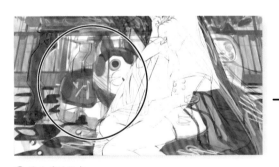

① 修改前的状态

（②～④见右图）

④ 把纸糊狗向左移动，露出脸部

 绘制纸糊狗的线稿。

① 把"图层21（レイヤー21）"的不透明度（不透明度）设为"17%"

② 新建"纸糊狗线稿（犬張子線画）"图层

③ 选择"铅笔（鉛筆）"工具，并把其最大半径（最大半径）设为"3.2px"，浓度（濃度）设为"90%"，间距（間隔）设为"21%"

（④见右图）

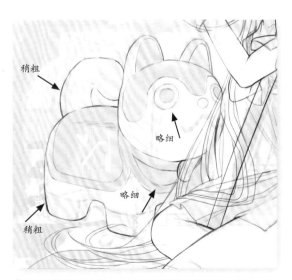

稍粗

略细

略细

稍粗

④ 轮廓线画得稍微粗一些，图案花纹部分画得略细一些

 接下来画不倒翁花瓶。由于它的位置与
纸糊狗的位置分开，互不干涉，所以把
它画在"纸糊狗线稿"图层内。

选择"纸糊狗线稿（犬
張子線画）"图层

描画不倒翁花瓶的线稿。不倒翁的脸部和图案不画线稿，将在
上色时画上

 画出插在花瓶里的茶花。此处也是先画
出草图再画线稿。茶花的花朵全都位于
画面内的话，看上去平衡感更佳，所以
使用"自由变形（自由変形）"工具，
使茶花的花朵部分倾斜。右端部分也一
起加上去。

② 新建"茶花线稿（椿線画）"图层

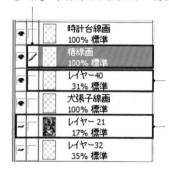

① 新建"图层40（レイヤー40）"用于画草图，并把不透明度（不透明度）设为"31%"

对"图层21（レイヤー21）"适当进行显示/隐藏（表示/非表示）切换，进行确认

（③ 见左下图）

④ 选择"自由变形（自由変形）"工具

（⑤和⑥ 见下图）

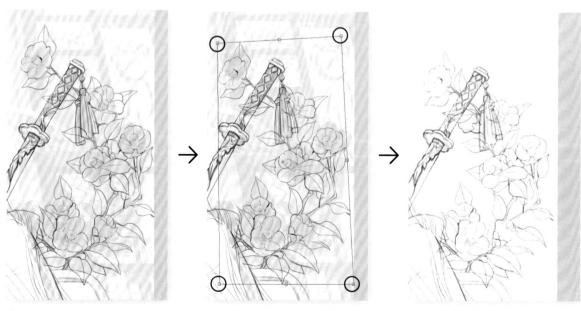

③ 在草图的基础上绘制线稿

⑤ 使用"自由变形（自由変形）"工具，拖住显示的枝条，使其变形

⑥ 将茶花纳入画面

与花瓶里的茶花相比，发饰茶花显小，所以使用"自由变形（自由变形）"工具将其扩大。把位于左手旁边的茶花的线稿也一起画出来。

① 选择"自由变形（自由变形）"工具

（② 见左下图）

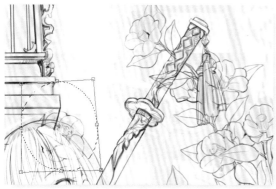

② 调整发饰茶花的尺寸

③ 把右手边的茶花画进"茶花线稿（椿線画）"图层内

 画出位于人物脚边的金鱼充气玩具的线稿。图案不画线稿，将在着色时画上。接下来，把纸牌和玻璃球的线稿也一起画出来。

① 新建"陪衬物线稿（小物線画）"图层

② 选择"铅笔（鉛筆）"工具，并把其最大半径（最大半径）设为"4.1px"，浓度（濃度）设为"90%"，间距（間隔）设为"21%"

③ 脚边陪衬物线稿完工

 下面开始描画位于左上角的金鱼装饰物的线稿。我把它设定为木制骨架、表面蒙纸的纸糊金鱼。

新建"金鱼装饰物线稿（金鱼飾り線画）"图层

09 对画面的整体平衡进行确认时，感觉腰部到腿部有点小，选择"披风线稿（マント線画）"→"人物临时背景（人物背景仮）"图层，使用工具栏的"自由变形（自由变形）"工具，对下半身的平衡进行调整。线稿的绘制工作到此结束。

		マント線画
		100% 標準
		体ラインラフ
		23% 標準
		刀線画
		100% 標準
		少女髪線画
		100% 標準
		少女線画2
		100% 標準
		少女線画1
		100% 標準
		人物背景仮
		100% 標準

① 选择"佩刀线稿（刀線画）"图层

② 打开要一起变形的图层的图层链接（レイヤーリンク）按钮

③ 选择"自由变形（自由变形）"工具，进行调整

④ 修改前的状态

⑤ 线稿绘制工作完成

第2章

使用openCanvas着色的技巧

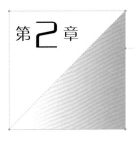

第2章 使用openCanvas着色的技巧

在本章中，将按照使用优动漫PAINT（CLIP STUDIO PAINT）给上一章中绘制的线稿上底色，再用openCanvas进行着色的流程，以及直到完工为止的步骤进行说明。运用openCanvas丰富多样的混合模式的着色技巧、厚涂手法以及利用纹理提高质感的方法，包括收尾加工在内，大量实用技巧尽在其中。

着色准备与上底色

01 在开始上色之前，作为准备工作，要把各种部件分开，逐一分开涂色。首先从人物部分开始。在人物线稿下，新建一个用白色填充的四边形"人物临时背景（人物背景仮）"图层，使线稿看起来更清楚。

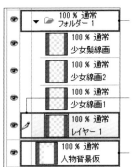

① 新建图层组，把人物线稿图层汇总在一起

② 新建用于上底色的图层

③ 新建"人物临时背景（人物背景仮）"图层

④ 人物线稿显得更分明

02 由于已经按部件对线稿进行了划分，可以预先指定也可以参考在其他图层上画好的线稿。

 ① 选择"填充（塗りつぶし）"工具

② 在子工具（サブツール）面板中选择"参照其他图层（他レイヤーを参照）"

③ 勾选工具属性（ツールプロパティ）窗口中的"多图层参照（複数参照）"

03 使用"魔棒（自动选择）"工具，单击要着色的范围，使用"填充（塗りつぶし）"工具填上颜色。细节部分或者线条与线条之间等未涂上的部分使用"绘图笔（丸ペン）"工具补涂。为了让画更有味道，我画的线稿中，线条中间会有断续，或是极细的线条重合在一起，中间留有微妙的缝隙，所以仅仅使用"填充（塗りつぶし）"工具无法分开着色。需要重复使用"填充（塗りつぶし）"工具填色，用画笔工具对细节部分上色的动作，分别进行上色。

 ① 新建"图层1（レイヤー1）"

 ② 选择"魔棒（自动选择）"工具

 ③ 选择"填充（塗りつぶし）"工具

（④～⑦ 见右图）

04 把皮肤的颜色改为本来的基色，改变图层的名称。

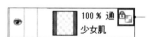 把"图层1"名称改为"少女皮肤（少女肌）"，勾选"保护透明部分（透明部分の保護）"

05 给头发上底色。在"少女线稿1（少女線画1）"下新建"图层1（レイヤー1）"。齐刘海处先不要管溢出问题，画完之后，沿着刘海边缘，用"绘图笔（丸ペン）"工具擦掉即可。

 ① 新建"图层1（レイヤー1）"

 ② 设置描画色（描画色）。把"绘图笔（丸ペン）"工具的笔刷尺寸（ブラシサイズ）设为"18.0px"，不透明度（不透明度）设为"100%"

（③ 见右图）

 ④ 把描画色（描画色）切换为透明（透明）。把"绘图笔（丸ペン）"工具的笔刷尺寸（ブラシサイズ）设为"17.0px"，不透明度（不透明度）设为"100%"

 ④ 设置描画色（描画色）

 ⑥ 把"绘图笔（丸ペン）"工具的笔刷尺寸（ブラシサイズ）设为"12.9"，不透明度（不透明度）设为"100%"

⑦ 脸部到额头使用"绘图笔（丸ペン）"上色

⑤ 线条封闭的部分使用"填充（塗りつぶし）"工具

为了使颜色溢出和未上色部分能够一目了然，用深颜色上色

③ 给刘海部分上色

⑤ 用"透明（透明）"的"绘图笔（丸ペン）"工具把发梢部分擦掉

06 沿着头发走向，在"图层1（レイヤー1）"的发缕内加上几笔细细的头发。提高头发的顺滑感和细腻感。

 ① 设置描画色（描画色）

② 把"浓芯铅笔（濃い鉛筆）"工具的笔刷尺寸（ブラシサイズ）设为"7.4"，硬度（硬さ）设为"100"，笔刷浓度（ブラシ濃度）设为"65"，手颤修正（手ブレ補正）设为"中（中）"

③ 加上散落在罩衫上的发尾和垂到肩上的发缕

07 把红色部件、金属部件、手套和鞋子等逐件分开来上色。例如，鞋子和手套等虽然属于完全不同的部件，但是相互之间存在距离，所以放在同一个图层中。人物部分的分涂上色工作到此结束。

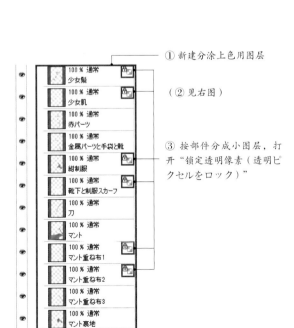

① 新建分涂上色用图层

（② 见右图）

③ 按部件分成小图层，打开"锁定透明像素（透明ピクセルをロック）"

② 人物分涂上色工作完成

08 背景分涂上色工作相比人物部分要粗略一些。按照与人物分涂上色相同的做法展开作业。花瓶中的茶花的花和叶子都使用相同的基色填充。

① 新建"茶花（椿）"图层，锁定透明部分

② 设置描画色（描画色）

09 时钟也按部件逐一用"钢笔（ペン）"工具分涂。由于感觉底座装饰不够，所以在这里返回"时钟底座线稿（時計台線画）"图层，添加木雕装饰。由于这里也是左右对称的图案，所以使用"选择（選択）"工具圈起来，水平翻转（左右反转）之后，通过"自由变形（自由変形）"工具做好右侧。到这里为止，人物和背景的分涂工作就完成了。位于时钟后面的背景现在还没有动手，这里不画线稿，将在后面使用厚涂手法完成。这里暂时使用psd格式保存，关闭CLIP STUDIO PAINT。

① 选择"时钟底座（時計台）"线稿图层

② 选择"铅笔（鉛筆）"工具，并把其最大半径（最大半径）设为"2.8px"，浓度（濃度）设为"90%"，间距（間隔）设为"21%"

🔽DATA 原创素材下载地址发布于新浪微博@牛奶系_绘画营养阅读，请前往免费下载

④ 在左侧加上木雕装饰，然后水平翻转（左右反转），做好右侧装饰

⑤ 分涂作业完成

给脸部上色

01 启动openCanvas，打开保存的psd文档。为了不忘记画草图时确定下来的成型图像，我使用"粘贴（贴り付け）"软件将草图插画显示在左侧展开作业。

02 给人物的脸部上色。我主要使用的是"铅笔（鉛筆）"工具，笔刷的大小则根据上色部位频繁进行调整。此外，还使用了降低浓度的方法，这样即使颜色重叠，也能微微透出下面的颜色，由于色调变化复杂，我把浓度（濃度）调整为30%～70%进行上色工作。

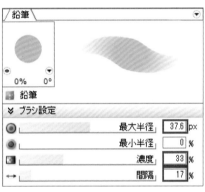

把最大半径（最大半径）设为"37.6px"，浓度（濃度）设为"33%"，间距（間隔）设为"17%"

03 在以人物为主的插画中，人物脸部是否出彩是最重要的。这里花费的脑细胞最多。

① 选择"少女皮肤（少女肌）"图层。为了防止溢出，勾选"保护透明部分（透明部分の保護）"

② 使用浓度降低的"铅笔（鉛筆）"工具浅浅地涂上几遍

③ 反复上色，使画面看起来像几层彩色赛璐珞叠合在一起

04 把显示在前面的草图图像作为参考，从
"色相环（カラーサークル）"调色板中
选择比草图图像的皮肤基色略深一些的
颜色。

① 把草图作为参考，
确认皮肤颜色

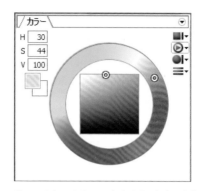

② 从"窗口（ウィンドウ）"菜单"色相环（カラーサークル）"中打开"色相环（カラーサークル）"面板，从颜色窗口中选择比草图皮肤颜色略深一些的颜色

05 给刘海下方、鼻尖与耳内上色。按照颜
色从浅到深的顺序反复上色。

 ① 选择"铅笔（鉛筆）"工具，并把其最大半径
（最大半径）设为"72.8px"，浓度（濃度）设为
"30％"，间距（間隔）设为"17％"

 ② 设置描画色（描画色）

06 画面的主要光源是背后的窗户，但是如
果仅有这个光源，由于逆光的原因，人
物会显得过暗，所以在人物前方设上第
二光源（设置一个淡淡发光的灯的感
觉）。结合这些光源进行上色工作。比
起上色这一说法，可能用颜色描画阴影
的说法更为贴切。

配合脸部颜色，给手臂和大腿也反复上色

07 在皮肤的阴影处浅浅地涂上紫色。

 ① 选择"铅笔（鉛筆）"工具，并把其最大半径（最大半径）设为"14.9px"，浓度（濃度）设为"33%"，间距（間隔）设为"17%"

 ② 设置描画色（描画色）

（③见右图）

③ 在脸部阴影处涂上紫色

08 与步骤07的位置稍微错开，在阴影部位涂上深一些的茶色。这样稍微错开上色区域，颜色结构就会显得更加复杂。

 ① 设置描画色（描画色）。把"铅笔（鉛筆）"工具的最大半径（最大半径）设为"17.4px"，浓度（濃度）设为"37%"，间距（間隔）设为"17%"

（②见右图）

② 旋转（回転）画布，在阴影部位涂上茶色

09 眉宇附近的肤色使用"吸管（スポイト）"工具拾取，使用"铅笔（鉛笔）"工具削减刘海的阴影，并对阴影形状进行整理。

10 选择菜单栏的"图层（レイヤー）"→"复制图层（レイヤーの複製）"，复制"少女皮肤（少女肌）"图层。使用"喷枪（エアーブラシ）"工具，在复制的"少女皮肤（少女肌）"图层上，给人物脸颊涂上颜色略深的红色。

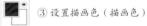 ③ 设置描画色（描画色）

① 复制"少女皮肤（少女肌）"图层

② 把"喷枪（エアーブラシ）"工具的最大半径（最大半径）设为"178.3px"，浓度（濃度）设为"3%"，间距（間隔）设为"6%"

（③和④ 见右图）

④ 给脸颊部分涂上红色

11 调低加入红色的复制图层的不透明度（不透明度）。暂时将其设置为其他图层，可以寻找最佳的颜色浓度。调整不透明度（不透明度）后，将复制图层与原图层合并。

① 把复制的"少女皮肤（少女肌）"图层的不透明度（不透明度）调整为"18%"

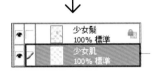

② 选择菜单栏的"图层（レイヤー）"→"向下合并（下のレイヤーと结合）"，将图层合并

（③ 见右图）

③ 给脸颊涂上淡淡的红色

12 接下来给眼睛部分上色。选择"少女皮肤（少女肌）"图层，给上眼睑涂上深橘色。

① 设置描画色（描画色）。把"铅笔（鉛筆）"工具的最大半径（最大半径）设为"9.7px"，浓度（濃度）设为"67%"，间距（間隔）设为"17%"

（② 见右图）

② 给上眼睑上色

13 给眼睑和眼睫毛部分涂上焦茶色。就像化妆时涂眼影一样，这样眼睛给人留下的印象会更深刻。

① 设置描画色（描画色）。把"铅笔（鉛筆）"工具的最大半径（最大半径）设为"5.7px"，浓度（濃度）设为"86%"，间距（間隔）设为"17%"

（② 见右图）

② 用焦茶色强调之后，眼睛给人的印象更深刻

14 在瞳孔内画上上眼睑的阴影。

① 设置描画色（描画色）。把"铅笔（鉛筆）"工具的最大半径（最大半径）设为"8.4px"，浓度（濃度）设为"56%"，间距（間隔）设为"17%"

（② 见右图）

② 加上眼睑的阴影，眼睛呈现出了立体感

刻画眼睛内部

 仔细刻画眼睛内部。眼睛是非常重要的一个部分。由于细小的位置差别就会造成不同的感觉，所以需要注意。

选择"少女皮肤（少女肌）"图层

 用蓝色给眼睛上色，画出瞳孔的位置，并给瞳孔部分涂上薄薄的紫色。

① 设置描画色（描画色）。把"铅笔（铅筆）"工具的最大半径（最大半径）设为"7.6px"，浓度（濃度）设为"75%"，间距（間隔）设为"17%"，给眼睛内部上色

（②见右上图）

 ② 设置描画色（描画色）。把"铅笔（铅筆）"工具的最大半径（最大半径）设为"9.7px"，浓度（濃度）设为"67%"，间距（間隔）设为"17%"

 ④ 设置描画色（描画色）。把"铅笔（铅筆）"工具的最大半径（最大半径）设为"9.7px"，浓度（濃度）设为"67%"，间距（間隔）设为"17%"

③ 描绘瞳孔的位置

（④和⑤见右图）

⑤ 给瞳孔部分涂上颜色

 用黑色给眼睛上部上色。再用蓝色给瞳孔和眼睛外周上色。

① 设置描画色（描画色）。把"铅笔（铅筆）"工具的最大半径（最大半径）设为"6.8px"，浓度（濃度）设为"79%"，间距（間隔）设为"17%"

（②见右图）

③ 设置描画色（描画色）。把"铅笔（铅筆）"工具的最大半径（最大半径）设为"11.4px"，浓度（濃度）设为"58%"，间距（間隔）设为"17%"

（④见右图）

② 给眼睛上部上色

④ 给瞳孔和眼睛外周上色

不是用一种颜色填充，而是大胆地使用了具有斑点的笔触

 描画眼睛的中心点。

 设置描画色（描画色）。把"铅笔（铅筆）"工具的最大半径（最大半径）设为"3.6px"，浓度（濃度）设为"85%"，间距（間隔）设为"17%"

由于眼睛的中心点仅仅相差几毫米就会造成截然不同的印象，所以我把画布旋转（回転）25°，慎重进行刻画

05 用白色刻画高光。

① 设置描画色（描画色）。把"铅笔（鉛筆）"工具的最大半径（最大半径）设为"5.1px"，浓度（濃度）设为"100%"，间距（間隔）设为"17%"（② 见右图）

② 在眼睛上部画一个大一点的圆圈，在下部画上几个小圆圈

 06 把左眼中心点位置向右调整。

07 确认"少女线稿2（少女線画2）"图层处于"保护透明部分（透明部分を保護）"的状态。选择"少女线稿2（少女線画2）"，使用"矩形填充（矩形塗りつぶし）"工具圈起来，把鼻子线稿改为茶色，嘴部线稿改为红色。由于对透明部分做了保护，所以除了画有线稿的部分，其他地方不会沾上颜色。适当调整线稿的颜色，使其便于上色。

① 选择"少女线稿2（少女線画2）"图层

（②~⑤ 见右图）

 ② 设置描画色（描画色）。把鼻子线稿改为茶色

 ④ 设置描画色（描画色）。把嘴部线稿改为红色

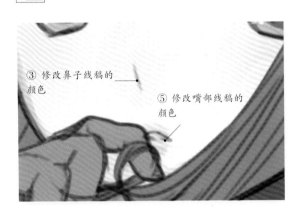

③ 修改鼻子线稿的颜色

⑤ 修改嘴部线稿的颜色

08 返回"少女皮肤（少女肌）"图层，在眼睛下部高光周围，用粉红色和橘色加上细细的笔触。像这样，除了固有颜色以外，我还特意使用了各种不同的颜色。

① 选择"少女皮肤（少女肌）"图层

② 调整描画色（描画色）进行刻画。把"铅笔（鉛筆）"工具的最大半径（最大半径）设为"8.6px"，浓度（濃度）设为"64%"，间距（間隔）设为"17%"

09 新建一个"少女润色1（少女加笔1）"图层，对线稿进行补充刻画。增加眼睫毛，并一起加上与头发重叠的部分。

① 新建"少女润色1（少女加笔1）"图层

② 设置描画色（描画色）。把"铅笔（铅笔）"工具的最大半径（最大半径）设为"9.7px"，浓度（浓度）设为"58%"，间距（间隔）设为"17%"

10 新建一个"添加（加算）"图层。用淡青色在眼睛下部画上光线，并把图层的不透明度（不透明度）降低到47%。

⑤ 把混合模式（合成模式）设为"添加（加算）"，不透明度（不透明度）设为"47%"

① 新建"少女润色–添加（少女加笔–加算）"图层

② 把"铅笔（铅笔）"工具的最大半径（最大半径）设为"12.4px"，浓度（浓度）设为"41%"，间距（间隔）设为"17%"

③ 设置描画色（描画色）

（④和⑥见右图）

④ 用淡青色画上光线

↓

⑥ 调整混合模式（合成模式）与不透明度（不透明度）

11 新建一个"少女润色–正片叠底（少女加笔–乘算）"图层，在瞳孔部分加上深蓝色。调低图层的不透明度，使画面显得更加自然。

① 新建"少女润色–正片叠底（少女加笔–乘算）"图层

④ 把不透明度（不透明度）设为"41%"

② 设置描画色（描画色）。把"指尖（指先）"工具的最大半径（最大半径）设为"19.7px"，浓度（浓度）设为"17%"，间距（间隔）设为"10%"

（③见右图）

③ 使用深蓝色给瞳孔部分反复上色

12 新建一个"添加（加算）"图层，并把它放在"上色（着彩）"图层与"线稿（線画）"图层上面。使用"喷枪（エアーブラシ）"工具，给整个脸部加上光线。

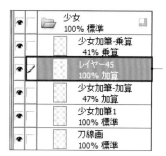

① 新建一个图层，并把混合模式（合成モード）设为"添加（加算）"

（②和③见右图）

13 把"图层45（レイヤー45）"的不透明度（不透明度）降到16%。这样一来，整个脸部的感觉就变柔和了。使用"橡皮擦（硬边）[消しゴム（ハード）]"工具，仅把上眼睑的一部分擦掉。

 ② 选择"橡皮擦（硬边）[消しゴム（ハード）]"工具

最大半径	10.1	px
最小半径	5	%
濃度	100	%
間隔	10	%

③ 把最大半径（最大半径）设为"10.1px"，最小半径（最小半径）设为"5%"，浓度（濃度）设为"100%"，间距（間隔）设为"10%"

14 通过水平翻转（左右反転），检查脸部的平衡。由于右眼过于靠外，使用"移动图层（レイヤー移動）"工具，把其向内侧移动。

 ① 选择"少女皮肤（少女肌）"图层

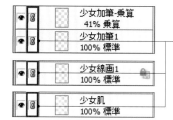 ② 打开"少女润色-正片叠底（少女加筆-乗算）""少女润色1（少女润色1）""少女线稿1（少女線画1）"和"少女皮肤（少女肌）"的图层链接（レイヤーリンク）

 ② 设置描画色（描画色）。把"喷枪（エアーブラシ）"工具的最大半径（最大半径）设为"268.8px"，浓度（濃度）设为"3%"，间距（間隔）设为"6%"

③ 使用"喷枪（エアーブラシ）"工具反复给脸部上色，加入光线

 ① 把不透明度（不透明度）设为"16%"

④ 擦掉上眼睑的一部分

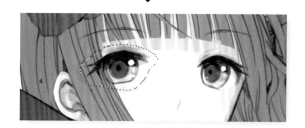

给制服上色

01 使用"喷枪（エアーブラシ）"工具，在制服的外层加上一层薄薄的粉色。给袖笼与裙子的开衩部分涂上皮肤颜色。物体与物体分界线的处理要柔和，隐约呈现出一种透明感。

 ① 选择"深蓝制服（绀制服）"图层

② 设置描画色（描画色）。把"喷枪（エアーブラシ）"工具的最大半径（最大半径）设为"324.1px"，浓度（濃度）设为"3%"，间距（間隔）设为"6%"
（③ 见右图）

 ④ 设置描画色（描画色）。把"喷枪（エアーブラシ）"工具的最大半径（最大半径）设为"324.1px"，浓度（濃度）设为"3%"，间距（間隔）设为"6%"
（⑤ 见右图）

02 由于制服整体颜色过浅，通过菜单栏的"图层（レイヤー）"→"复制图层（レイヤーを複製）"，对"深蓝制服（绀制服）"图层进行复制。

03 再用深颜色描绘细节阴影部分，用淡青色描绘高光部分。为了表现出仿真风格的质感，保留笔触或增加细腻质感的笔触。

 ① 设置描画色（描画色）。把"铅笔（鉛筆）"工具的最大半径（最大半径）设为"16.6px"，浓度（濃度）设为"85%"，间距（間隔）设为"31%"
（② 见右图）

 ③ 设置描画色（描画色）。把"铅笔（鉛筆）"工具的最大半径（最大半径）设为"19.3px"，浓度（濃度）设为"77%"，间距（間隔）设为"31%"
（④ 见右图）

 ⑤ 设置描画色（描画色）。把"裙摆（鉛筆）"工具的最大半径（最大半径）设为"19.3px"，浓度（濃度）设为"77%"，间距（間隔）设为"31%"
（⑥ 见右图）

③ 反复涂粉红色

⑤ 在制服的分界处涂上皮肤色

 把复制图层的混合模式设为"正片叠底（乘算）"，不透明度（不透明度）设为"35%"

② 给制服颜色最深的部分涂上颜色

④ 给平影的阴影部分涂上颜色

⑥ 给裙摆和高光部分涂上颜色

给头发上色

01 下面给头发上色。沿着头发走向，添加细腻的笔触，并用"铅笔（鉛筆）"工具上色。

 ① 选择"少女头发（少女髮）"图层

 ② 选择"铅笔（鉛筆）"工具，并把其最大半径（最大半径）设为"13.2px"，浓度（濃度）设为"88%"，间距（間隔）设为"31%"

 ③ 设置描画色（描画色）

（④ 见右图）

④ 沿着头发走向，使用比底色深的颜色上色

02 使用菜单栏的"图层（レイヤー）"→"复制图层（レイヤーを複製）"复制"少女头发（少女髮）"图层。

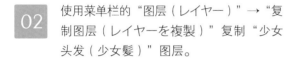 复制"少女头发（少女髮）"图层

03 使用"喷枪（エアーブラシ）"工具，涂上粉红色、橘色、绿色和蓝色等颜色。由于此人物的头发是黑色的，所以这些配色最后几乎都看不出来，但是可以放在里面作为一种隐约的调剂。

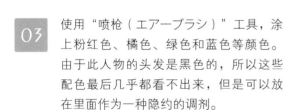 把"喷枪（エアーブラシ）"工具的最大半径（最大半径）设为"324.1px"，浓度（濃度）设为"3%"，间距（間隔）设为"6%"

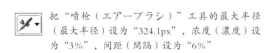

额头等凸出部分使用暖色系颜色描绘，侧脸等转向画面后方的部分使用冷色系颜色描绘

04 将复制的"少女头发（少女髮）"图层的不透明度（不透明度）降到31%。

 少女髮
31% 標準

复制"少女头发（少女髮）"图层

05 结合头发走向，用焦茶色和黑色画出浓浓的阴影。

① 设置描画色（描画色）。把"铅笔（鉛筆）"工具的最大半径（最大半径）设为"18.6px"，浓度（濃度）设为"86%"，间距（間隔）设为"31%"

② 设置描画色（描画色）。把"铅笔（鉛筆）"工具的最大半径（最大半径）设为"18.6px"，浓度（濃度）设为"86%"，间距（間隔）设为"31%"

 →

06 在头发左侧涂上黑色，把整体的颜色调暗。

 ① 把"铅笔（鉛筆）"工具的最大半径（最大半径）设为"12.0px"，浓度（濃度）设为"84%"，间距（間隔）设为"31%"

 ② 设置描画色（描画色）

07 在头发上加上环状高光。由于从后面的窗户也有光线进入，所以用白色刻画受光面的光线。为了加强效果，在头部边缘也加上高光。

 把"铅笔（铅筆）"工具的最大半径（最大半径）设为"7.8px"，浓度（濃度）设为"84%"，间距（間隔）设为"6%"

08 复制"少女头发（少女髪）"图层，给刘海部分重叠加上皮肤色。调低不透明度（不透明度）并合并图层后，刘海厚重的感觉就消失了，令人感觉非常轻盈。

① 复制"少女头发（少女髪）"图层

 ② 设置描画色（描画色）。把"喷枪（エアーブラシ）"工具的最大半径（最大半径）设为"82.8px"，浓度（濃度）设为"3%"，间距（間隔）设为"6%"

③ 使用"喷枪（エアーブラシ）"工具，给刘海涂上皮肤色

→

④ 把"少女头发（少女髪）"图层的不透明度（不透明度）降到"55%"

09 感觉有些不满意，所以对眼睛部分进行了润色。给眼睛下部加上高光。由于脸部是最重要的部分，在给其他部分上色的过程中，只要感觉不满意，也可以适当进行修改和润色。

① 新建"图层47（レイヤー47）"

 ② 设置描画色（描画色）。把"铅笔（铅筆）"工具的最大半径（最大半径）设为"2.4px"，浓度（濃度）设为"84%"，间距（間隔）设为"31%"

修改前的状态

→

在瞳孔和眼睛边缘加上了高光

纳入色彩远近法的着色方法

色彩远近法是指红色和黄色等暖色系颜色具有看起来向前凸出（前进色）的性质，蓝色和绿色等冷色系颜色具有看起来颜色向后退缩（后退色）的性质的技法。即便是同一种颜色，也具有饱和度和明度越高，看起来越靠前；而饱和度和明度越低，看起来越靠后的性质。

我在涂固有颜色以外的配色时，一直把这种"色彩远近法"作为基本原则。

我的画作多使用粉红色和蓝色收尾，这也是通过近景使用粉红色，远景使用蓝色的方法，强调出整个插画的远近感。

上色时，如果脑海中具有这一基本规则，即使描绘色彩斑斓的主题，颜色也不会凌乱无章。尽管如此，如果过于受这一规则束缚的话，上色的时候也不能尽情发挥，所以把这一规则放在大脑的角落里就好了。

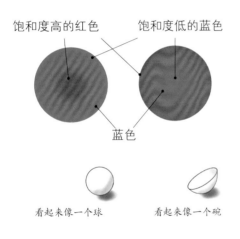

饱和度高的红色　饱和度低的蓝色

蓝色

看起来像一个球　　看起来像一个碗

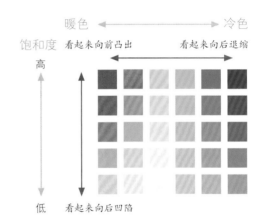

暖色 ⟷ 冷色

饱和度　看起来向前凸出　　看起来向后退缩

高

低　看起来向后凹陷

给头发涂颜色时，最靠前的额头附近的头发涂上粉红色和橘色等暖色系颜色，中间涂上紫红色和绿色，转向后方的部分则涂上蓝色。

给腿部和胳膊上色

01 下面给过膝袜上色。使用稍微掺了一点
淡青色的灰色，给布料的褶皱部分加上
颜色。

① 选择"鞋子、制服
与丝巾（靴下と制服ス
カーフ）"图层

② 设置描画色（描画色）。把"铅笔（鉛筆）"工具
的最大半径（最大半径）设为"27.5px"，浓度（濃
度）设为"84%"，间距（間隔）设为"31%"

（③ 见右图）

③ 画上过膝袜的褶皱

02 给过膝袜部分的阴影涂上颜色。

① 把"铅笔（鉛筆）"工具的最大半径（最
大半径）设为"18.2px"，浓度（濃度）设为
"79%"，间距（間隔）设为"22%"

（② 见右图）

② 粗略涂画阴影

03 丝巾也使用与过膝袜相同的颜色刻画影
子。以稍微掺了一点淡青色的灰色为
主，使用紫色描绘阴影。

① 选择"鞋子、制服与丝巾（靴下と制服スカー
フ）"图层

② 按照灰色和紫色的顺序调整描画色（描画色）。把
"铅笔（鉛筆）"工具的最大半径（最大半径）设为
"57.7px"，浓度（濃度）设为"47%"

涂上灰色

涂上紫色

04 在这里，暂时中断过膝袜的上色工作，重新开始给手脚上色。与脸部相同，给阴影部分画上紫色，从上面开始画上浅浅的茶色。手肘部分涂上浅浅的红色。

 少女肌　100% 標準　———○ ① 选择"少女皮肤（少女肌）"图层

② 选择"铅笔（鉛筆）"工具，并把其最大半径（最大半径）设为"42.6px"，浓度（濃度）设为"25%"，间距（間隔）设为"22%"。适当设置描画色（描画色）

按照紫色和茶色的顺序，给阴影部分上色

手肘画成了浅浅的红色。关节部分画成红色会有一种可爱的感觉

05 为了表现出可爱的感觉，大腿部分的颜色与颜色交界线处使用"模糊（ぼかし）"工具进行模糊处理。

把"模糊（ぼかし）"工具的最大半径（最大半径）设为"13.9px"，最小半径（最小半径）设为"5%"，浓度（濃度）设为"86%"，模糊强度（ぼかし强度）设为"99"，间距（間隔）设为"25%"

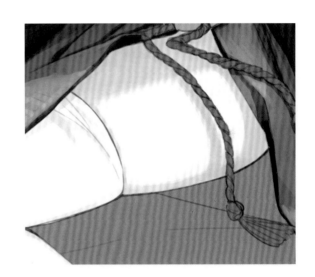

✎ **技巧**

用紫色和蓝色画阴影

画阴影部分时，我尽量不使用"纯黑色"，而是使用暗暗调的紫色或蓝色。"灰色"也尽量不使用，而是稍微掺上一点其他的颜色提高其饱和度后再使用。这是为了使整体保持一种具有透明感的色调，但黑发等把黑色作为固有色使用的情况除外。

06 复制"少女皮肤（少女肌）"图层，使用"喷枪（エアーブラシ）"工具，给大腿加上阴影。

① 复制"少女皮肤（少女肌）"图层，加上阴影后，把不透明度（不透明度）设为"41%"

② 设置描画色（描画色）。把"喷枪（エアーブラシ）"工具的最大半径（最大半径）设为"223.6px"，浓度（浓度）设为"3%"，间距（间隔）设为"6%"

③ 利用"导航窗口（ナビゲータ）"面板翻转（反转）显示画布

（④和⑤见右图）

④ 在"少女皮肤（少女肌）"复制图层上，用橘色加上阴影

↓

⑤ 使翻转显示返回原样，调低不透明度（不透明度）

07 将复制的"少女皮肤（少女肌）"图层与原来的"少女皮肤（少女肌）"图层合并。在合并后的"少女皮肤（少女肌）"图层的大腿部分上，反复涂上浅浅的橘色。

设置描画色（描画色）。把"铅笔（铅笔）"工具的最大半径（最大半径）设为"77.8px"，浓度（浓度）设为"37%"，间距（间隔）设为"15%"

合并复制图层后，反复涂浅浅的橘色

08 在"少女（少女）"图层组的最上面新建一个"添加（加算）"图层，给大腿部分加上橘色的光线。加上光线后，把不透明度（不透明度）降到18%。

② 设置描画色（描画色）。把"喷枪（エアーブラシ）"工具的最大半径（最大半径）设为"304.0px"，浓度（浓度）设为"3%"，间距（间隔）设为"6%"

① 新建"图层49（レイヤー49）"，并把混合模式（合成モード）修改为"添加（加算）"

（②见右图）

在左膝、脸部和胳膊上同样加上光线，调低不透明度（不透明度）

09 下面给皮手套上色。为了表现出皮革的质感，相比皮肤和服装，我特意多留了一些画笔的笔触。在这里，阴影部分也画上浅浅的紫色。

① 选择"金属部件、手套与鞋（金属パーツと手袋と靴）"图层

 ② 选择"铅笔（鉛筆）"工具，并把其最大半径（最大半径）设为"15.3px"，浓度（濃度）设为"81%"，间距（間隔）设为"15%"。适当设置描画色（描画色）

③ 设置描画色（描画色）

（④和⑤ 见右图）

④ 为了表现出质感，画上褶皱和阴影

↓

⑤ 在阴影部分画上浅浅的紫色

10 观察发现颜色过深，使用菜单栏的"滤镜（フィルタ）"→"色调调整（色調補正）"→"亮度/对比度（明るさ·コントラスト）"，将颜色稍微调亮。

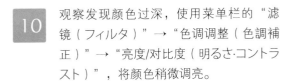

将"对比度（コントラスト）"调整为"15"

↓

11 接着继续为过膝袜上色。从皮肤部分开始，使用"吸管（スポイト）"工具吸取颜色，然后薄薄地涂在过膝袜上，使用"喷枪（エアーブラシ）"工具给阴影与高光的分界线涂上中间色，表现出柔和感。

① 选择"鞋子、制服与丝巾（靴下と制服スカーフ）"图层

② 设置描画色（描画色）。把"喷枪（エアーブラシ）"工具的最大半径（最大半径）设为"233.6px"，浓度（濃度）设为"3%"，间距（間隔）设为"6%"

12 使用"指尖（扩散）［指先（拡散）］"工具，把膝盖附近的褶皱的阴影颜色向左右拉伸。

把"指尖（扩散）［指先（拡散）］"工具的最大半径（最大半径）设为"81.2px"，最小半径（最小半径）设为"50%"，浓度（濃度）设为"100%"，间距（間隔）设为"20%"

→

13 在腿部阴影部分加上略微掺杂红色的灰色。为什么需要掺杂红色呢？因为拖曳到下面的罩衫是红色的，罩衫的颜色映到了腿上，要体现出这种感觉。

① 把"喷枪（エアーブラシ）"工具的最大半径（最大半径）设为"18.2px"，浓度（濃度）设为"3%"，间距（間隔）设为"6%"

② 设置描画色（描画色）

14 在"少女（少女）"图层组的最上面新建一个"添加（加算）"图层，在腿部加上淡青色的光线。

① 新建"添加（加算）"图层

② 设置描画色（描画色）。把"喷枪（エアーブラシ）"工具的最大半径（最大半径）设为"233.6px"，浓度（濃度）设为"3%"，间距（間隔）设为"6%"

15 把"添加（加算）"图层的不透明度（不透明度）降到30%，并与"少女润色-添加（少女加筆-加算）"图层合并。

将"图层51（レイヤー51）"与"少女润色-添加（少女加筆-加算）"图层合并

16 用"橡皮擦（消しゴム）"工具把右腿的轮廓擦掉，把右腿画得稍细一些。

① 选择"少女线稿1（少女線画1）"图层

② 打开"少女润色1（少女加筆1）"图层的图层链接（レイヤーリンク）

17 接下来给鞋子上色。用紫色和茶色描绘阴影部分。鞋子表面的细小凹凸则用焦茶色强调。

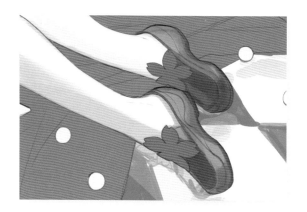

① 选择"金属部件、手套与鞋（金属パーツと手袋と靴）"图层

② 设置描画色（描画色）。把"铅笔（鉛筆）"工具的最大半径（最大半径）设为"42.6px"，浓度（濃度）设为"45％"，间距（間隔）设为"15％"

18 在凹凸处内侧，用"铅笔"工具逐色薄薄地描画，使色彩像彩虹渐变一样，然后再加上鞋子的高光。这样就画出了一双独具特色、设计奇特的鞋子。

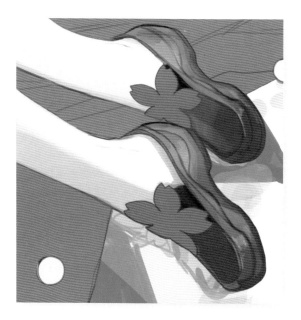

① 对各种描画色（描画色）逐一设置渐变（グラデーション）。把"铅笔（鉛筆）"工具的最大半径（最大半径）设为"16.8px"，浓度（濃度）设为"47％"，间距（間隔）设为"15％"

② 设置高光的描画色（描画色）。把"铅笔（鉛筆）"工具的最大半径（最大半径）设为"7.8"，浓度（濃度）设为"86％"，间距（間隔）设为"15％"

19 紧挨着"金属部件、手套与鞋（金属パーツと手袋と靴）"图层新建一个"添加（加算）"图层，增加高光。

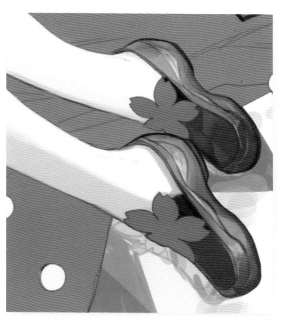

① 新建"添加（加算）涂层"，并把不透明度（不透明度）设为"67％"

② 把"喷枪（エアーブラシ）"工具的最大半径（最大半径）设为"168.3px"，浓度（濃度）设为"3％"，间距（間隔）设为"6％"

③ 设置描画色（描画色）

给罩衫上色

01 给罩衫内侧上色。首先使用酒红色填充罩衫内侧。尽管我设定的图层名称是"罩衫",但是可能使用"披风"等更为恰当……图层名称选用常见的名称比较恰当。

① 选择"披风里布(マント裏地)"图层

② 设置描画色(描画色)。把"铅笔(鉛筆)"工具的最大半径(最大半径)设为"8.9px",浓度(濃度)设为"5%",间距(間隔)设为"15%"

02 使用"透明水彩(透明水彩)"工具,沿着布的走势描画阴影。在上色范围大的部分上,我使用"透明水彩(透明水彩)"工具。与"铅笔(鉛筆)"工具相比,透明水彩上色会更加圆润。描画时,需要注意布的起伏、走势以及起伏形成的阴影。

设置描画色(描画色)。把"透明水彩(透明水彩)"工具的最大半径(最大半径)设为"17.2px",浓度(濃度)设为"18%",延伸效果(のばし效果)设为"72",模糊效果(ぼかし効果)设为"46",影响距离(影響距離)设为"87",间距(間隔)设为"26%"

03 紧挨"披风(マント)"图层,在其上面新建一个"添加(加算)"图层。用红色描绘高光部分,并用"指尖(扩散)[指先(拡散)]"工具延伸高光部分。

① 新建"添加(加算)图层"

(② 见左下图)

③ 选择"指尖(扩散)[指先(拡散)]"工具

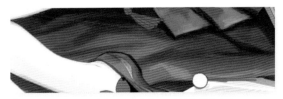

② 使用"透明水彩(透明水彩)"工具描绘高光部分

④ 延伸高光部分

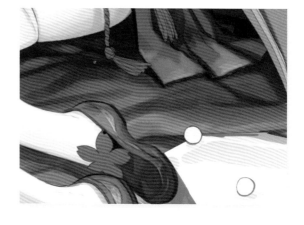

04 由于衣服的质地略带光泽，所以稍微画上一点颜色突出映照感。裙子的蓝色和皮肤的颜色等会映到布上。

① 选择"披风（マント）"图层

② 设置描画色（描画色）。把"铅笔（鉛筆）"工具的最大半径（最大半径）设为"42.6px"，浓度（濃度）设为"51%"，间距（間隔）设为"15%"

05 在罩衫内侧，加上浅浅的紫色影子。

① 把"铅笔（鉛筆）"工具的最大半径（最大半径）设为"143.1px"，浓度（濃度）设为"51%"，间距（間隔）设为"15%"

② 设置描画色（描画色）

06 感觉罩衫的红色不够充分，复制"披风（マント）"图层，并用红色填充。把填充后的图层设为"叠加（オーバーレイ）"模式，并把不透明度（不透明度）降到27%。与刚才相比，红色增加了。

① 复制"披风（マント）"图层，并设为"叠加（オーバーレイ）"模式

② 选择"矩形填充（矩形塗りつぶし）"工具，并把不透明度（不透明度）设为"27%"

③ 设置描画色（描画色）

（④ 见右图）

④ 罩衫的红色增加。使用"铅笔（鉛筆）"工具，一起画上充气金鱼玩具映到布上的颜色

07 罩衫用图示方法说明是这种感觉。实际上并不是穿了好几件，衣襟的多层布料是假的。在结构上，与其说是罩衫，不如说它更接近于日式长袍……顺便说一下，里布也有图案。

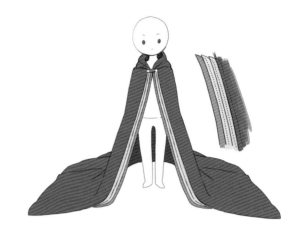

08 给罩衫的多层布处上色。随着阴影的刻画，画上表示质地感觉的笔触。

① 选择"披风多层布3（マント重ね布3）"图层

② 设置描画色（描画色）。把"铅笔（鉛筆）"工具的最大半径（最大半径）设为"18.6px"，浓度（濃度）设为"58%"，间距（間隔）设为"15%"

③ 设置描画色（描画色）。把"铅笔（鉛筆）"工具的最大半径（最大半径）设为"37.6px"，浓度（濃度）设为"58%"，间距（間隔）设为"15%"

④ 设置描画色（描画色）。把"铅笔（鉛筆）"工具的最大半径（最大半径）设为"10.1px"，浓度（濃度）设为"30%"，间距（間隔）设为"15%"

（⑤ 见右图）

⑤ 用不同颜色描绘罩衫多层部分的质地

09 使用白色，在高光部分加上同样的笔触。

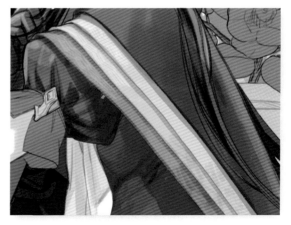

① 把"铅笔（鉛筆）"工具的最大半径（最大半径）设为"10.1px"，浓度（濃度）设为"30%"，间距（間隔）设为"15%"

② 设置描画色（描画色）

描画高光

10 将"披风多层布1（マント重ね布1）"图层至"披风多层布3（マント重ね布3）"图层合并。

		マント 100% 標準	
		マント重ね布3 100% 標準	
		マント裏地 100% 標準	

将图层合并到"披风多层布3（マント重ね布3）"上

11 配合罩衫表面的阴影，在多层布上也画上阴影。

设置描画色（描画色）。把"铅笔（鉛筆）"工具的最大半径（最大半径）设为"72.8px"，浓度（濃度）设为"33%"，间距（間隔）设为"15%"

→

12 新建一个图层（新建位置在"披风多层布3（マント重ね布3）"图层与"披风线稿（マント線画）"图层上面，使用"喷枪（エアーブラシ）"工具，在多层布上分别涂上粉红色、绿色和黄色。

① 新建"图层54（レイヤー54）"

② 把"喷枪（エアーブラシ）"工具的最大半径（最大半径）设为"92.9px"，浓度（濃度）设为"19%"，间距（間隔）设为"20%"

13 把"图层54（レイヤー54）"的不透明度（不透明度）降到47%。布与布的交界处变柔和，饱和度也进一步增加了。

| | | レイヤー54
47% 標準 | |

新建"图层54（レイヤー54）"，将不透明度（不透明度）调整为"47%"

给金属部件上色

01 接下来给金属部件上色。基色使用不鲜艳的黄色涂抹，再使用土黄色粗略地刻画阴影。

↓

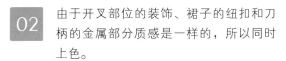

① 选择"金属部件、手套与鞋（金属パーツと手袋と靴）"图层

② 设置描画色（描画色）。把"喷枪（エアーブラシ）"工具的最大半径（最大半径）设为"62.7px"，浓度（濃度）设为"19％"，间距（間隔）设为"15％"

③ 设置描画色（描画色）。把"铅笔（鉛筆）"工具的最大半径（最大半径）设为"15.3px"，浓度（濃度）设为"55％"，间距（間隔）设为"15％"

02 由于开叉部位的装饰、裙子的纽扣和刀柄的金属部分质感是一样的，所以同时上色。

设置描画色（描画色）。把"铅笔（鉛筆）"工具的最大半径（最大半径）设为"6.4px"，浓度（濃度）设为"93％"，间距（間隔）设为"15％"，描画阴影

03 描绘佩刀部分。由于最强的光源是从窗户射进来，所以在佩刀左侧加上高光，以示强调。

① 选择"铅笔（鉛筆）"工具，并把其最大半径（最大半径）设为"9.7px"，浓度（濃度）设为"93％"，间距（間隔）设为"15％"

② 设置描画色（描画色）

04 即便是金属，其阴影部分也使用紫色刻画。用焦茶色和深蓝色强调刀柄的凹凸感。刀柄的一部分涂上红色。其周围也加上少许红色，形成颜色映照到金属上的感觉。

 ① 设置描画色（描画色）。把"铅笔（铅笔）"工具的最大半径（最大半径）设为"14.1px"，浓度（浓度）设为"60%"，间距（间隔）设为"15%"

 ② 设置描画色（描画色）。把"铅笔（铅笔）"工具的最大半径（最大半径）设为"3.6px"，浓度（浓度）设为"84%"，间距（间隔）设为"15%"

 ③ 设置描画色（描画色）。把"铅笔（铅笔）"工具的最大半径（最大半径）设为"5.1px"，浓度（浓度）设为"85%"，间距（间隔）设为"15%"

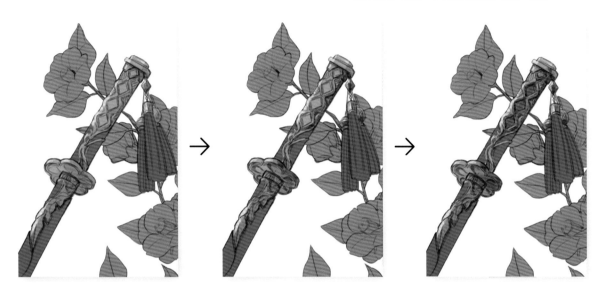

05 给开叉处的金属装饰物也涂上颜色。用深蓝色加上制服的映照颜色，用红色加上线绳的映照颜色。

 选择"铅笔（铅笔）"工具

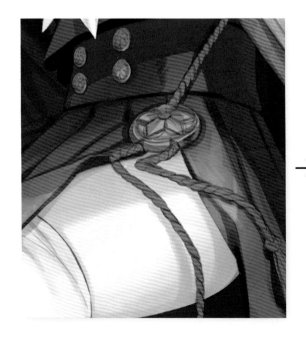

06 新建一个"添加（加算）"图层。使用"喷枪（エアーブラシ）"工具，给金属的高光部分画上淡淡的光线。在同一图层中，像画点一样，用"铅笔（鉛筆）"工具加上锐利的高光。尤其是明亮的一面，要用光线填充。

① 新建"添加（加算）"图层，并将其命名为"金属光泽（金属光沢）"

（① 见右上图）

 ② 高光部分用明亮的橘色涂画

07 感觉开叉处装饰绳的轮廓较弱，在"少女润色1（少女加筆1）"图层，对轮廓和高光部分进行补充。

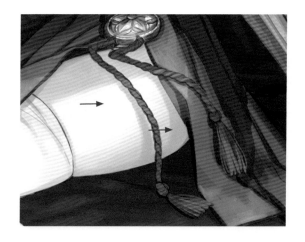

 ① 对装饰绳的轮廓进行润色。把"铅笔（鉛筆）"工具的最大半径（最大半径）设为"5.5px"，浓度（濃度）设为"76%"，间距（間隔）设为"15%"

 ② 对装饰绳的高光部分进行润色。把"铅笔（鉛筆）"工具的最大半径（最大半径）设为"5.9px"，浓度（濃度）设为"100%"，间距（間隔）设为"15%"

✎ **技巧**

金属部件质感的刻画方法

与其他有质感的物体相比，金属的高光部分较为集中，需要用力刻画。像新铸的硬币一样，闪光的金属对近处物体的映照也较强。反之，布料和皮肤等处的高光较为模糊，刻画时需要表现出柔和感。其对近处物体的映照也只有少许（刷了亮光漆的木材等物体属于例外）。像这样，通过不同的高光刻画方法和映照刻画方法，能够描绘出不同的质感。

给人物周围的陪衬物上色

01 接下来给人物头上的茶花装饰上色。首先，给花朵中央的下陷部分涂上暗红色，用几乎相同的颜色仔细刻画花瓣的质感。画面前方的花瓣涂上饱和度高的红色。

① 选择"红色部件（赤パーツ）"图层

② 设置描画色（描画色）。把"铅笔（鉛筆）"工具的最大半径（最大半径）设为"77.8px"，浓度（濃度）设为"19%"，间距（間隔）设为"77%"

④ 设置描画色（描画色）。把"铅笔（鉛筆）"工具的最大半径（最大半径）设为"7.4px"，浓度（濃度）设为"69%"，间距（間隔）设为"15%"

⑥ 设置描画色（描画色）。把"铅笔（鉛筆）"工具的最大半径（最大半径）设为"37.6px"，浓度（濃度）设为"69%"，间距（間隔）设为"15%"

③ 给中央的下陷部分上色

⑤ 画出质感

⑦ 给画面前方的花瓣上色

02 运用铅笔（鉛筆）笔触描画雄蕊和雌蕊部分。

03 在茶花线稿与"红色部件（赤パーツ）"图层上面新建一个图层，涂上饱和度高的红色。把图层的不透明度（不透明度）降到60%，将其与"少女润色1（少女加笔1）"图层合并。然后，给花瓣的边缘上色，使它看起来像是把线稿盖住一样。

① 用饱和度高的红色给花瓣上色。把"喷枪（エアーブラシ）"工具的最大半径（最大半径）设为"228.6px"，浓度（濃度）设为"19%"，间距（間隔）设为"77%"

（②和③见右图）

② 设置描画色（描画色）。把"铅笔（鉛筆）"工具的最大半径（最大半径）设为"4.1px"，浓度（濃度）设为"67%"，间距（間隔）设为"15%"

③ 茶花的边缘像是融化了一样，给人感觉非常柔和

04 下面开始给佩刀部分上色。刀柄头上挂的装饰物是用许多根粗线结在一起做成的。为了表现出线的密集感，运用铅笔笔触进行上色。由于光源位于窗户处，所以把左侧特别涂上明亮的颜色。

② 设置描画色（描画色）。把"铅笔（鉛筆）"工具的最大半径（最大半径）设为"8px"，浓度（濃度）设为"97%"，间距（間隔）设为"15%"

少女加笔1
100% 標準

① 选择"少女润色1（少女加笔1）"图层

（② 见右上图）

05 接下来给刀鞘上色。由于设定的是有光线从窗户射入，所以左侧最为明亮。此外，由于刀鞘为椭圆筒形，所以从右侧似乎也有光线绕过来。

刀
100% 標準

选择"佩刀（刀）"图层

 →  →  →

06 选择"佩刀线稿（刀線画）"图层，仅把刀鞘左侧的线稿改成白色，这样显得受光线照射的感觉更为强烈。接下来，选择"佩刀"图层，加强笔触，并给刀柄部分上色。

刀線画
100% 標準

① 选择"佩刀线稿（刀線画）"图层

② 把线稿改成白色

刀
100% 標準

③选择"佩刀（刀）"图层

④ 设置描画色（描画色）。把"铅笔（鉛筆）"工具的最大半径（最大半径）设为"13px"，浓度（濃度）设为"63%"，间距（間隔）设为"15%"

给纸糊狗上色

<table>
<tr><td>01</td><td>下面给纸糊狗上色。在脸颊和四肢拐角等突出部位涂上粉红色，转向后方的部位和阴影部分涂上蓝色或紫色。为了后面能够对浓度进行调整，复制"纸糊狗（犬張子）"图层进行上色。</td></tr>
</table>

① 复制"纸糊狗（犬張子）"图层，在复制图层上上色

（② 见右上图）

② 适当调整描画色（描画色）。把"铅笔（鉛筆）"工具的最大半径（最大半径）设为"62.5px"，浓度（濃度）设为"55%"，间距（間隔）设为"15%"

① 把"铅笔（鉛筆）"工具的最大半径（最大半径）设为"19.1px"，浓度（濃度）设为"55%"，间距（間隔）设为"15%"

② 设置描画色（描画色）

<table>
<tr><td>02</td><td>把复制的"纸糊狗（犬張子）"图层的不透明度（不透明度）降到40%左右，与原来的"纸糊狗（犬張子）"图层合并。用掺有紫色的灰色描绘阴影。虽然主要光源在后面，但是前面还有第二光源。上色时要记住这一点。</td></tr>
</table>

 →

<table>
<tr><td>03</td><td>使用"指尖（扩散）［指先（拡散）］"工具，对颜色边界线进行柔和处理。同样使用"指尖（扩散）［指先（拡散）］"工具，沿造型延伸阴影。</td></tr>
</table>

选择"指尖（扩散）［指先（拡散）］"工具，并把其最大半径（最大半径）设为"73.7px"，浓度（濃度）设为"17%"，间距（間隔）设为"10%"

04 在"纸糊狗（犬張子）"图层上新建一个"正片叠底（乗算）"图层，绘制图案。由于正片叠底图层能够透出下面的颜色，所以可以在保留之前描画的阴影的情况下上色。

→ 新建"图层57（レイヤー57）"

05 由于想表现出手工制作的感觉，所以在上色时大胆保留了颜色的斑点。在一定程度上画出图案后，将其与"纸糊狗（犬張子）"图层合并。为了表现出后面有光线照射的感觉，在边缘密密地加上一圈白色。

（① 见右上图）

② 将"图层57（レイヤー57）"与"纸糊狗（犬張子）"图层合并

① 设置描画色（描画色）。把"铅笔（鉛筆）"工具的最大半径（最大半径）设为"9.7px"，浓度（濃度）设为"94%"，间距（間隔）设为"15%"

06 在"纸糊狗（犬張子）"与"纸糊狗线稿（犬張子線画）"图层上面，新建一个"叠加（オーバーレイ）"图层，并用"喷枪（エアーブラシ）"工具，在脸颊周围涂上橘色，将不透明度（不透明度）降到30%。利用色彩远近法的效果，使脸颊周围呈现出微妙的凸出感。

① 设置描画色（描画色）。把"喷枪（エアーブラシ）"工具的最大半径（最大半径）设为"72.8px"，浓度（濃度）设为"19%"，间距（間隔）设为"77%"

② 新建"叠加（オーバーレイ）"图层，上色后，把不透明度（不透明度）降到"30%"

给时钟上色

 01 下面给时钟底座上色。用茶色粗略地加上阴影。

① 选择"时钟底座（時計台）"图层

② 设置描画色（描画色）。把"铅笔（鉛筆）"工具的最大半径（最大半径）设为"52.7px"，浓度（濃度）设为"73%"，间距（間隔）设为"15%"

 02 使用"矩形填充（矩形塗りつぶし）"工具，给整个底座涂上暗茶色。由于填充的不透明度较低，所以还浅浅地保留着刚才加上的阴影。

① 选择"矩形填充（矩形塗りつぶし）"工具，把不透明度（不透明度）设为"56%"

 ② 设置描画色（描画色）

 03 给阴影部分涂上紫色，用"铅笔（鉛笔）"工具在时钟底座腿上快速画上细线。这是为了表现木头的木纹。按照部位，做出颜色的堆积，表现出光泽。

① 设置描画色（描画色）。把"铅笔（鉛筆）"工具的最大半径（最大半径）设为"15.3px"，浓度（濃度）设为"71%"，间距（間隔）设为"15%"

 ② 设置描画色（描画色）。把"铅笔（鉛筆）"工具的最大半径（最大半径）设为"15.3px"，浓度（濃度）设为"71%"，间距（間隔）设为"15%"

04 由于人物头发是黑色的，为了避免与底座过于同化，所以要进行调整。复制"时钟底座（時計台）"图层，用橘色涂在人物附近。然后，把复制图层的不透明度（不透明度）降到45%。

① 复制"时钟底座（時計台）"图层

② 设置描画色（描画色）。把"铅笔（鉛筆）"工具的最大半径（最大半径）设为"57.7px"，浓度（濃度）设为"71%"，间距（間隔）设为"15%"

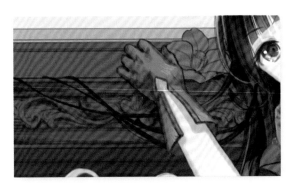

涂上橘色

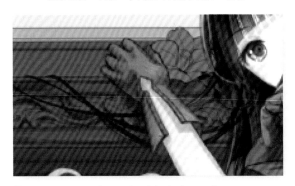

④ 把图层的不透明度（不透明度）降到"45%"

05 使用"喷枪（エアーブラシ）"工具，把底座左侧稍微刷暗。

① 设置描画色（描画色）。把"喷枪（エアーブラシ）"工具的最大半径（最大半径）设为"324.1px"，浓度（濃度）设为"19%"，间距（間隔）设为"17%"

② 给底座左侧上色

③ 底座与桌腿部分的颜色变暗了

06 使用带有黄色的灰色画上高光。表现的是刷有亮光漆的感觉。高光部分并不像前文所述的金属部件那样锐利，而是略显晦涩。

设置描画色（描画色）。把"铅笔（鉛筆）"工具的最大半径（最大半径）设为"7.2px"，浓度（濃度）设为"69%"，间距（間隔）设为"15%"

07 为了表现出从后面窗户射入的光线反射在底座顶板上的效果，把底座顶板面的线稿改为白色。

① 选择"时钟底座线稿（時計台線画）"图层

② 把描画色（描画色）改为白色

08 新建一个"添加（加算）"图层，并把不透明度（不透明度）设为42%。使用"喷枪（エアーブラシ）"工具浅浅地刷上橘色，使人物一侧的底座变得更加明亮。

新建添加（加算）图层"时钟底座光线（時計台光）"，并把不透明度（不透明度）设为"42%"

09 时钟上色工作从底层开始。由于这里也是木材，所以使用的笔触也有意识地体现了木纹的感觉。不同平面的阴影部分也使用紫色。

设置描画色（描画色）。把"铅笔（鉛筆）"工具的最大半径（最大半径）设为"17.6px"，浓度（濃度）设为"64%"，间距（間隔）设为"15%"

✏ **技巧**

结合素材进行描画

我会尽量在头脑中事先确定好该种物体使用什么素材制作。有没有这一意识，效果会截然不同。

当然，有的表现方法有时候也可以大胆忽略设定的素材。

10 接下来给下面一层上色。按照设定，它的外侧为金属色，内侧为景泰蓝。

文字盘3
100% 標準

① 选择"文字盘3（文字盤3）"图层

（②见右图）

② 给下部涂上灰色

11 按照设定，景泰蓝部分中间向前方拱出，呈现出缓缓的弧形。为了表现出这一微妙的"拱出"感觉，在中央位置涂上粉红色。阴影处例外，要使用没有彩色的灰色，以便强调与粉红色的落差。

① 选择"喷枪（エアーブラシ）"工具，并把其最大半径（最大半径）设为"138.1px"，浓度（濃度）设为"19%"，间距（間隔）设为"77%"

② 设置描画色（描画色）

（③见右上图）

④ 设置描画色（描画色）。把"铅笔（鉛筆）"工具的最大半径（最大半径）设为"42.6px"，浓度（濃度）设为"34%"，间距（間隔）设为"15%"
（⑤见右图）

③ 中央位置涂上粉红色

↓

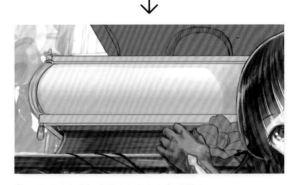

⑤ 画上周围金属框的影子和少女头部的影子

12 描画周围的金属框架。它不是闪闪发亮的金属，而是具有晦涩的光泽。与少女衣服的金属部件相比，颜色也略微发暗。为了表现出晦涩的光泽感，使用笔刷尺寸较大的"铅笔（鉛筆）"工具画上不规则的线条。所用颜色为紫色、土黄色和焦茶色等。

時計金属パーツ
100% 標準

① 选择"时钟金属部件（時計金属パーツ）"图层

② 把"铅笔（鉛筆）"工具的最大半径（最大半径）设为"19.7px"，浓度（濃度）设为"61%"，间距（間隔）设为"15%"

13 单击选项窗口右上的"▽"，选择"编辑画笔（ブラシエディタ）"，调出画笔编辑界面。把自己拍摄的照片（悬崖照片）作为笔尖读入。

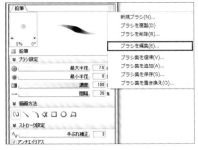

① 从工具（ツール）的选项（オプション）窗口打开"编辑画笔（ブラシエディタ）"

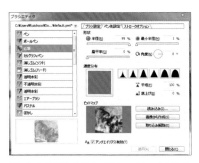

② 使用"编辑画笔（ブラシエディタ）"设置"铅笔（鉛筆）"工具的笔尖（ペン先）

③ 使用"铅笔（鉛筆）"工具

14 使用把悬崖照片设为笔尖的"铅笔（鉛筆）"工具，随时轻轻加上质感。
返回通常的"铅笔（鉛筆）"工具，加上高光。

① 设置描画色（描画色）。把"铅笔（鉛筆）"工具的最大半径（最大半径）设为"99.0px"，浓度（濃度）设为"61%"，间距（間隔）设为"15%"

（②见左下图）

③ 设置描画色（描画色）。把"铅笔（鉛筆）"工具的最大半径（最大半径）设为"4.7px"，浓度（濃度）设为"91%"，间距（間隔）设为"15%"

② 加上质感

④ 加上高光

15 选择"时钟底座线稿（時計台線画）"图层。使用把描画色调整为白色的"铅笔（鉛筆）"工具描线稿，仅把金属架的上面改成白色。由于"保护透明部分（透明部分の保護）"处于打开状态，所以无须担心溢出。

① 选择"时钟底座线稿（時計台線画）"图层

② 用"铅笔（鉛筆）"工具涂抹线稿

16 景泰蓝的图案部分将在后面润色，先给时钟的上层上色。目标是呈现出青铜和螺钿合二为一而又平均分配的素材感。首先使用"铅笔（鉛筆）"工具，用像画"×"一样的笔触上色。使用绿色、黄色、粉红、橘色和淡青色等颜色，表现出像彩虹一样的配色。

① 选择"时钟木质部件（時計木パーツ）"图层

（② 见右图）

 ② 把"铅笔（鉛筆）"工具的最大半径（最大半径）设为"67.7px"，浓度（濃度）设为"49%"，间距（間隔）设为"15%"

 ① 设置描画色（描画色）。把"铅笔（鉛筆）"工具的最大半径（最大半径）设为"4.7px"，浓度（濃度）设为"91%"，间距（間隔）设为"15%"

（② 见左下图）

 ③ 设置描画色（描画色）。把"铅笔（鉛筆）"工具的最大半径（最大半径）设为"4.7px"，浓度（濃度）设为"91%"，间距（間隔）设为"15%"

17 从上面开始，用蓝绿色同样画上许多交叉线，然后用带有白色的绿色刻画高光部分。

② 用蓝绿色画交叉线

④ 用带有白色的绿色刻画高光部分

18 给中央的开孔上色，用藏蓝色涂画凸出部位的影子部分。影子的边界线使用"模糊（ぼかし）"工具冲淡。

19 为了画出方砖图案，画上基准线。对齐平行尺子"尺子-3（定规-3）"，画上平行线。对齐2点透视法尺子"尺子3（定规3）"，一起画上纵线。

无论是"尺子3（定规3）"还是"尺子-3（定规-3）"，都把对齐按钮打开

对齐"尺子（定规）"工具，画上方砖图案的基色

20 把画上的纵线作为基准线，描绘图案。

① 把"铅笔（铅筆）"工具的最大半径（最大半径）设为"6.1px"，浓度（濃度）设为"73%"，间距（間隔）设为"15%"

② 设置描画色（描画色）

（③ 见右图）

③ 如果笔触过于单一，画面会显得很枯燥，所以用强烈的笔触和柔和的笔触交织起来描绘

21 对齐2点透视尺"尺子3（定规3）"，在向外凸出的面上也画上纵线。以此作为基准线，画上回纹图案。

把"尺子3（定规3）"作为基准线使用

22 新建一个"添加（加算）"图层，用土黄色加上高光。把"添加（加算）"图层的不透明度（不透明度）降到70%，并将其与"时钟木质部件（時計木パーツ）"图层合并。然后，选择"时钟底座线稿（時計台線画）"图层，仅把顶面的线稿改成白色。

② 把"喷枪（エアーブラシ）"工具的最大半径（最大半径）设为"193.4px"，浓度（濃度）设为"19%"，间距（間隔）设为"54%"

① 在"时钟木质部件（時計木パーツ）"图层上面新建"添加（加算）"图层

（② 见右上图）

23 加上晦涩的高光。这里的质感就像涂上了无光漆一样。

① 选择"时钟木质部件（時計木パーツ）"图层

② 设置描画色（描画色）。把"铅笔（鉛筆）"工具的最大半径（最大半径）设为"10.7px"，浓度（濃度）设为"64％"，间距（間隔）设为"15％"

24 接下来给金属部件上色。首先用土黄色涂画阴影。内侧的金属部件未画线稿，因此要一边画形状，一边上色。新建一个"添加（加算）"图层，加上金属高光。

① 选择"时钟金属部件（時計金属パーツ）"图层

② 设置描画色（描画色）。把"铅笔（鉛笔）"工具的最大半径（最大半径）设为"42.6px"，浓度（濃度）设为"55％"，间距（間隔）设为"15％"
（③ 见左下图）

④ 适当调整描画色（描画色）。把"铅笔（鉛笔）"工具的最大半径（最大半径）设为"8.2px"，浓度（濃度）设为"78％"，间距（間隔）设为"15％"

③ 用土黄色给阴影上色

⑤ 一边画形状，一边加上高光

25 按照设定，文字盘周围贴有绉织物风格的布料。用笔触表现出质感，给边缘部分加上阴影。在这一蓝色的布料上，我准备后面给它贴上日式风格的纹理。

③ 设置描画色（描画色）

① 选择"文字盘3（文字盤3）"图层

② 把"铅笔（鉛笔）"工具的最大半径（最大半径）设为"14.1px"，浓度（濃度）设为"75％"，间距（間隔）设为"15％"

26　使用"喷枪（エアーブラシ）"工具，把红色部分和文字盘部分的上部涂暗。

 ① 选择"文字盘1（文字盤1）"图层

 ② 选择"喷枪（エアーブラシ）"工具，并把其最大半径（最大半径）设为"278.8px"，浓度（濃度）设为"7%"，间距（間隔）设为"30%"

 ③ 设置描画色（描画色）

27　接下来描画文字盘中央部位。这里也没有画线稿，需要同时进行线稿绘制和上色工作。用茶色画出大致形状，再用土黄色涂上基色。给阴影部分加上紫色，高光部分加上黄色，对形状做出强调。

 ① 选择"文字盘2（文字盤2）"图层

② 设置描画色（描画色）。把"铅笔（鉛筆）"工具的最大半径设为"17.2px"，浓度设为"73%"，间距设为"15%"

 ③ 设置描画色（描画色）。把"铅笔（鉛筆）"工具的最大半径（最大半径）设为"9.1px"，浓度（濃度）设为"76%"，间距（間隔）设为"15%"

 →

28　下面绘制时钟的指针。由于这是日式时钟，所以是一根指针。为了表现出立体感，给指针加上阴影。在指针旁边，进一步刻画出金属图案。

 ① 选择"铅笔（鉛筆）"工具，并把其最大半径（最大半径）设为"3.0px"，浓度（濃度）设为"76%"，间距（間隔）设为"15%"

 ② 选择描画色（描画色）

 →

29 新建一个"添加（加算）"图层，加上高光。刻画金属时，"添加（加算）"图层绝对是一个不可或缺的存在。

時計台光
100% 加算

① 新建"添加（加算）"图层，并把名称改为"时钟底座光线（時計台光）"图层

（② 见右上图）

30 接下来给文字盘画文字。如果画布保持不动的话，画起来会很困难，所以使用"导航窗口（ナビゲータ）"面板的"显示角度（表示角度）"，一边旋转画布一边画。

レイヤー68
100% 標準

① 新建"图层68（レイヤー68）"

 ② 选择"铅笔（鉛筆）"工具，并把其最大半径（最大半径）设为"2.8px"，浓度（濃度）设为"98%"，间距（間隔）设为"15%"

③ 设置描画色（描画色）

31 中央开孔的颜色过暗，但显眼会令人感觉不舒服，反复使用带有白色的紫色涂抹，使其变得不那么显眼。给金属与木料之间涂上黑色。

時計木パーツ
100% 標準

① 选择"时钟木质部件（時計木パーツ）"图层

② 设置描画色（描画色）。把"铅笔（鉛筆）"工具的最大半径（最大半径）设为"52.7px"，浓度（濃度）设为"34%"，间距（間隔）设为"15%"

（③ 见右图）

文字盤3
100% 標準

④ 选择"文字盘3（文字盤3）"图层

⑤ 设置描画色（描画色）。把"铅笔（鉛筆）"工具的最大半径（最大半径）设为"52.7px"，浓度（濃度）设为"34px"，间距（間隔）设为"15%"

（⑥ 见右图）

 ② 设置描画色（描画色）。把"铅笔（鉛筆）"工具的最大半径（最大半径）设为"3.9px"，浓度（濃度）设为"98%"，间距（間隔）设为"15%"

⑥ 外框的木料与文字盘之间涂成黑色

③ 把中央开孔涂成紫色

给金鱼饰物和不倒翁上色

 01 下面给位于时钟后侧的金鱼饰物上色。用淡青色快速给金鱼腹部一侧涂上颜色。然后，主要使用红色系～茶色系颜色描画阴影。

② 设置描画色（描画色）。选择"透明水彩（透明水彩）"工具，并把其最大半径（最大半径）设为"77.8px"，最小半径（最小半径）设为"1%"，浓度（濃度）设为"25%"，延伸效果（のばし效果）设为"72"，模糊效果（ぼかし效果）设为"46"，影响距离（影響距離）设为"87"，间距（間隔）设为"26%"（③见右图）

 ④ 设置描画色（描画色）。选择"铅笔（鉛筆）"工具，并把其最大半径（最大半径）设为"128.1px"，浓度（濃度）设为"51px"，间距（間隔）设为"15%"（⑤见右图）

① 选择"金鱼饰物（金魚飾り）"图层

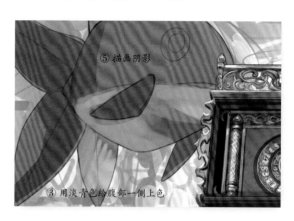

⑤ 描画阴影

③ 用淡青色给腹部一侧上色

02 由于想提高画面整体的浓度，所以复制"金鱼饰物（金魚飾り）"图层，用红色涂抹。把复制图层调整为"正片叠底（乘算）"模式，把不透明度降到21%，并与原图层合并。

复制"金鱼饰物（金魚飾り）"图层，上完色后，调整为"正片叠底（乘算）"模式，并把不透明度（不透明度）降到"21%"

03 下面开始描画图案。图案的阴影部分用紫色加上影子。按照部位，逐渐改变颜色。

在"金鱼饰物（金魚飾り）"图层上面新建"图层70（レイヤー70）"

04 选择"金鱼饰物线稿（金魚飾り線画）"图层，把受光部分的线稿颜色改成白色。把描画图案的"图层70（レイヤー70）"与"金鱼饰物线稿（金魚飾り線画）"图层和"金鱼饰物（金魚飾り）"图层合并。在"金鱼饰物（金魚飾り）"图层上面新建一个"图层73（レイヤー73）"，用"喷枪（エアーブラシ）"涂上红色。

（①和②见右图）

 ③ 选择"喷枪（エアーブラシ）"工具，并把其最大半径（最大半径）设为"188.4px"，浓度（濃度）设为"7%"，间距（間隔）设为"30%"

 ④ 设置描画色（描画色）

② 新建"图层73（レイヤー73）"

① 把线稿颜色改成白色

05 把涂成红色的图层的不透明度（不透明度）降到35%，并把混合模式（合成モード）设为"叠加（オーバーレイ）"。与给纸糊狗上色的时候相同，利用颜色的深度和色彩远近法得到逼真的效果。

把"图层73（レイヤー73）"的不透明度（不透明度）设为"35%"，混合模式（合成モード）设为"叠加（オーバーレイ）"

✎ **技巧**

用配色表现出复古情调

要表现复古情调时，推荐使用红色、粉红色、绿色、带有橘色的黄色和朴素的蓝色配色。虽然这种配色模式并无明确的依据，但是翻阅旧杂志、摆弄旧玩具时，可以发现很多这种配色。

06 给陪衬物通道涂上颜色。接下来是粉色系的不倒翁。给"不倒翁花瓶（達磨花瓶）"图层上色，注意要表现出"圆形"的感觉。

① 选择"不倒翁花瓶（達磨花瓶）"图层

② 选择"吸管（スポイト）"工具，去掉草图颜色

（③见左下图）

④ 设置描画色（描画色）。把"铅笔（鉛筆）"工具的最大半径（最大半径）设为"17.6px"，浓度（濃度）设为"45%"，间距（間隔）设为"15%"

⑤ 设置阴影的描画色（描画色）。把"铅笔（鉛筆）"工具的最大半径（最大半径）设为"15.7px"，浓度（濃度）设为"45%"，间距（間隔）设为"15%"

（⑥见下图）

⑦ 设置描画色（描画色）。把"铅笔（鉛筆）"工具的最大半径（最大半径）设为"8.2px"，浓度（濃度）设为"87%"，间距（間隔）设为"15%"

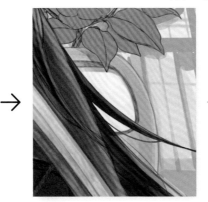

③ 涂上基色　　　　　⑥ 给脸部和阴影上色　　　　　⑧ 给边缘加上高光

07 描画不倒翁花瓶的脸部，再次加上高光和阴影。

① 设置描画色（描画色）。把"铅笔（鉛筆）"工具的最大半径（最大半径）设为"8.2px"，浓度（濃度）设为"87%"，间距（間隔）设为"15%"

③ 设置描画色（描画色）。把"铅笔（鉛筆）"工具的最大半径（最大半径）设为"9.7px"，浓度（濃度）设为"57%"，间距（間隔）设为"15%"

⑤ 设置描画色（描画色）。把"喷枪（エアーブラシ）"工具的最大半径（最大半径）设为"143.1px"，浓度（濃度）设为"28%"，间距（間隔）设为"30%"

② 画上脸部和身体的图案，给脸颊涂上颜色

④ 用白色加上高光

⑥ 用紫色画上阴影。把转向后方的曲面部分调成暗色，表现出立体感

08 给充气金鱼玩具上色。它本来的颜色是红色，但是为了构图平衡，这里想涂成淡青色，所以就使用淡青色涂上基色。然后，结合玩具的形状，涂上阴影。

这是作为参考的充气金鱼玩具

① 选择"陪衬物1（小物1）"图层

（②～④见右图）

② 涂上基色 ④ 画上高光

③ 粗略画上阴影

09 画上阴影后，描绘图案。新建一个"图层74（レイヤー74）"，描绘鱼鳞和鱼头等部位。

① 选择"铅笔（鉛筆）"工具，并把其最大半径（最大半径）设为"8.4px"，浓度（濃度）设为"91%"，间距（間隔）设为"15%"

② 设置描画色（描画色）

（③见右图）

④ 新建"图层74（レイヤー74）"和"图层75（レイヤー75）"

（⑤见右图）

③ 绘制图案的线稿

⑤ 沿着线稿涂上颜色，加上阴影

10 把"图层74（レイヤー74）"与"图层75（レイヤー75）"合并，用白色画上高光。由于我想强调淡青色，所以在上面新建一个不透明度（不透明度）为39%的"叠加（オーバーレイ）"图层，用"喷枪（エアーブラシ）"工具涂上淡青色。

设置描画色（描画色）。选择"喷枪（エアーブラシ）"工具，并把其最大半径（最大半径）设为"188.4px"，浓度（濃度）设为"28%"，间距（間隔）设为"30%"

给花瓶里的茶花上色

 01 下面给花瓶里的茶花上色。首先使用白色，给受光最强的部位涂上高光。

 ④ 设置描画色（描画色）

---

① 选择"茶花（椿）"图层

② 选择"透明水彩（透明水彩）"工具

③ 按照左侧所示方式进行设置

（④ 见右上图）

02 使用"透明水彩（透明水彩）"工具，用明亮的红色涂画花瓣的凸起部分，用暗红色涂画花瓣的下凹部分。

① 选择"透明水彩（透明水彩）"工具

② 按照上面所示方式进行设置

 ③ 设置描画色（描画色）

（④ 见右图）

 ⑤ 把"喷枪（エアーブラシ）"工具的最大半径（最大半径）设为"72.8px"，浓度（濃度）设为"21%"，间距（間隔）设为"30%"

 ⑥ 设置描画色（描画色）

（⑦ 见右图）

④ 涂上明亮的红色

⑦ 用暗红色给下凹部分上色

03 接下来给茶花叶上色。上色的时候，略微保留一点作为基色的红色。使用相同的基色，会使花朵与叶子的色调相协调。仔细刻画茶花的雄蕊和雌蕊。

 ① 选择"铅笔（鉛筆）"工具

 ② 设置描画色（描画色）。把"铅笔（鉛筆）"工具的最大半径（最大半径）设为"14.5px"，浓度（濃度）设为"84%"，间距（間隔）设为"15%"（③见左下图）

 ④ 设置描画色（描画色）。把"铅笔（鉛筆）"工具的最大半径（最大半径）设为"14.5px"，浓度（濃度）设为"84%"；画完后，切换最大半径（最大半径）为"3.4px"，浓度（濃度）为"90%"描画

③ 给叶子上色

⑤ 给雄蕊和雌蕊上色

04 由于茶花线稿画在"纸糊狗线稿（犬張子線画）"图层中，所以使用"自由选择（自由選択）"工具，仅把茶花线稿部分框起来，使用菜单栏的"编辑（編集）"→"剪切（切り取り）"→"粘贴（貼り付け）"。粘贴后，就会建立一个新图层，将其与"茶花（椿）"图层合并。

① 选择"纸糊狗线稿（犬張子線画）"图层

② 选择"自由选择（自由選択）"工具

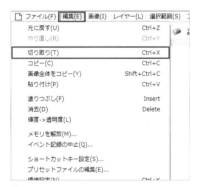

④ 从"编辑（編集）"菜单选择"剪切（切り取り）"

③ 选择茶花部分

⑤ 粘贴线稿

05 像填充线稿一样，用白色给叶子和花朵的边缘加上高光。然后，再使用"喷枪（エアーブラシ）"工具给茶花的下部涂上深绿色。

 ① 设置描画色（描画色）。把"铅笔（鉛筆）"工具的最大半径（最大半径）设为"4.7px"，浓度（濃度）设为"91％"，间距（間隔）设为"15％"

 ② 设置描画色（描画色），加上高光

 ③ 把"喷枪（エアーブラシ）"工具的最大半径（最大半径）设为"208.5px"，浓度（濃度）设为"14％"，间距（間隔）设为"30％"

 ④ 设置描画色（描画色）

⑤涂上深绿色

06 给底座上的茶花也一起涂上颜色。由于想突出头饰上的茶花，所以底座茶花的饱和度要稍微低一些。

 ① 选择"茶花（椿）"图层

 ② 选择"铅笔（鉛筆）"工具，并把其最大半径（最大半径）设为"16.6px"，浓度（濃度）设为"56％"，间距（間隔）设为"15％"

 ③ 按部件适当调整描画色（描画色）

 →

07 这是到目前为止的整体图。人物和主要
陪衬物基本上都画好了。

画上地板的棋盘格图案和反光

01 下面绘制地板。首先画上棋盘格图案的线条。画的时候，横线对准平行尺，向后方延伸的线条对齐2点透视法尺子。

① 新建"图层78（レイヤー78）"，并把名称改为"地板黑瓷砖（床黒タイル）"

② 设置平行线尺子

（③ 见右图）

③ 设置描画色（描画色）。选择"铅笔（鉛筆）"工具，并把其最大半径（最大半径）设为"6.4px"，浓度（濃度）设为"64%"，间距（間隔）设为"15%"

02 使用"填充（塗りつぶし）"工具，给棋盘格图案的黑色部分涂上颜色。虽然是"填充りつぶし"工具，但是中间出现了细小的间隙，该处用"铅笔（鉛筆）"工具填上。

① 选择"填充（塗りつぶし）"工具，把色差范围（色差の範囲）设为"33"，不透明度（不透明度）设为"100%"，并勾选"显示图像（表示画像）"和"消除锯齿（アンチエイリアス）"

（② 见右上图）

② 设置描画色（描画色）

03 新建"地板白瓷砖（床白タイル）"图层，使用"矩形填充（矩形塗りつぶし）"工具，给地板部分上色。

把新建图层建在"地板黑瓷砖（床黒タイル）"图层下面

04 新建"地板影子（床の影）"图层，并将其设为"正片叠底（乗算）"模式。

新建"地板影子（床の影）"图层，并把混合模式（合成モード）设为"正片叠底（乗算）"

05 用紫色画出鞋子、罩衫和时钟底座的影子部分。

设置描画色（描画色）。选择"铅笔（鉛筆）"工具，并把其最大半径（最大半径）设为"42.6px"，浓度（濃度）设为"100%"，间距（間隔）设为"15%"

06 使用"喷枪（エアーブラシ）"工具，在位于后方的地板上加上影子，表现出纵深感。选择"地板黑瓷砖（床黒タイル）"图层，用白色加上浅浅的高光。

③ 选择"地板黑瓷砖（床黒タイル）"图层

① 设置描画色（描画色）。选择"铅笔（鉛筆）"工具，并把其最大半径（最大半径）设为"123.0px"，浓度（濃度）设为"53%"，间距（間隔）设为"15%"
（② 见下图）

④ 设置描画色（描画色）。选择"铅笔（鉛筆）"工具，并把其最大半径（最大半径）设为"62.7px"，浓度（濃度）设为"56%"，间距（間隔）设为"15%"

② 加上阴影，表现出纵深感

⑤ 加上高光，但是阴影部分保留黑色

07 按照设定，地板是具有光泽感的材料，用"铅笔（鉛筆）"工具画上鞋子和罩衫映出的影子。

新建"地板映影（床の写りこみ）"图层

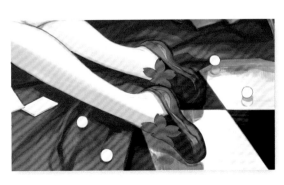

粘贴吊饰素材

01 在左上方金鱼饰物的肚子周围粘贴"吊饰"。这个部件不是画出来的，而是用了事先做好的自制素材。作为另一张画布打开后，通过菜单栏的"编辑（编集）"→"复制（コピー）"，对图层进行复制，然后返回正在描画的画布，通过菜单栏的"编辑（编集）"→"粘贴（贴り付け）"，把素材粘贴到画布内。

数据

吊饰的原创素材下载地址发布于新浪微博@牛奶系_绘画营养阅读，请前往免费下载

使用"自由变形（自由变形）"工具，对粘贴素材进行变形

02 吊饰位于金鱼饰物前方和后方的情形分别如下。

新建"饰物·前方（饰り·手前）"和"饰物·后方（饰り·奥）"图层

显示"饰物·前方"图层

显示"饰物·后方"图层

03 用浓度（浓度）为30%的"矩形填充（矩形塗りつぶし）"工具，在位于里侧的吊饰上画上紫色的影子。

① 选择"饰物·后方（饰り·奥）"图层

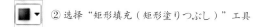

② 选择"矩形填充（矩形塗りつぶし）"工具

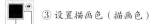

③ 设置描画色（描画色）

04 复制"饰物·前方"图层。用粉红色填充后，把图层的混合模式（合成モード）改为"强光（ハードライト）"，并把不透明度（不透明度）降到27%。将复制的"饰物·前方"图层与原图层合并。

① 复制"饰物·前方（飾り·手前）"图层

② 设置描画色（描画色）。选择"矩形填充（矩形塗りつぶし）"工具，并把其不透明度（不透明度）设为"100%"

05 使用"喷枪（エアーブラシ）"工具，在前方吊饰的左侧加上紫色的影子。此外，由于感觉前方左侧的吊饰长度不够，所以再粘贴一遍素材，加上了鱼、桃子和绣球。

加上影子，增加素材

① 选择"喷枪（エアーブラシ）"工具，并把其最大半径（最大半径）设为"349.2px"，浓度（濃度）设为"8%"，间距（間隔）设为"12%"

② 设置描画色（描画色）

06 新建"饰物·光线（飾り·光）"图层，并把混合模式设为"添加（加算）"。使用"喷枪（エアーブラシ）"工具刻画从后方射进来的光线。然后，在吊饰的边缘加上射进来的光线。

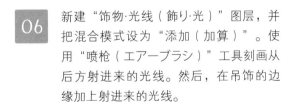

① 新建"饰物·光线（飾り·光）"图层，并把混合模式（合成モード）设为"添加（加算）"

② 选择"铅笔（鉛筆）"工具，根据吊饰的颜色与大小，改变描画色（描画色）和最大半径（最大半径）进行描画。把浓度（濃度）设为"100%"，间距（間隔）设为"15%"

07 对吊饰的细节部分进行润色修改。

① 选择"金鱼饰物（金鱼飾り）"图层

② 对蓝色老鼠和西瓜的饱和度（彩度）等进行修改

③ 设置描画色（描画色）。把"铅笔（鉛筆）"工具的最大半径（最大半径）设为"27.5px"，浓度（濃度）设为"100%"，间距（間隔）设为"15%"

④ 在金鱼饰物的腹部画上紫红色的影子，并用"橡皮擦（消しゴム）"工具把遮住金鱼鳍的吊饰擦掉，露出鱼鳍

08 为了使远近感更加明显，把后方吊饰的对比图调弱。

选择"饰物·后方（飾り·奥）"图层，通过菜单栏的"滤镜（フィルタ）"→"色调调整（色調補正）"→"明亮度/对比度（明るさ·コントラスト）"，将对比度（コントラスト）调到"-31"

09 使用"喷枪（エアーブラシ）"工具，在吊饰左侧和金鱼饰物上加上不显眼的蓝色和紫色阴影。

① 选择"饰物·后方（飾り·奥）"图层

② 选择"喷枪（エアーブラシ）"工具，并把其最大半径（最大半径）设为"268.8px"，浓度（濃度）设为"6%"，间距（間隔）设为"12%"

（③和④见右图）

③ 设置描画色（描画色）　④ 设置描画色（描画色）

设计时钟景泰蓝图案

01 下面刻画时钟的景泰蓝部分。用"铅笔（鉛筆）"工具画出图案轮廓，然后反复上色。由于景泰蓝是涂上釉药制作的，所以表面会有些凹凸不平。上色时要注意这一点。

① 选择"文字盘画草稿（文字盤の絵ラフ）"图层

② 选择"铅笔（鉛筆）"工具，并把其最大半径（最大半径）设为"10.1px"，浓度（濃度）设为"100％"，间距（間隔）设为"15％"

③ 设置描画色（描画色）

02 虽然图案已经基本画完，但是有些地方不协调，所以决定对颜色进行调整。把"文字盘画草稿（文字盤の絵ラフ）"图层的混合模式（合成モード）改为"叠加（オーバーレイ）"。复制该图层，并把不透明度（不透明度）调整为正常模式的89％。

① 把"文字盘画草稿（文字盤の絵ラフ）"图层设为"叠加（オーバーレイ）"

② 复制"文字盘画草稿（文字盤の絵ラフ）"图层，并把不透明度（不透明度）降到"89％"

03 观察发现有些地方还是不协调，所以通过"色相/饱和度（色相·彩度）"，把标准模式的"文字盘画草稿（文字盘の绘ラフ）"图层的饱和度（彩度）调为-100。对调图层顺序。

③ 对调图层顺序

① 选择"文字盘画草稿（文字盘の绘ラフ）"图层

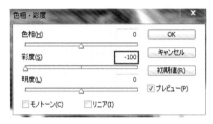

② 在"色相/饱和度（色相·彩度）"面板中，把"饱和度（彩度）"调整为"-100"

（③见右上图）

04 新建一个"添加（加算）"图层，在景泰蓝中央向前方拱出部位加上高光。

设置描画色（描画色）。把"喷枪（エアーブラシ）"工具的最大半径（最大半径）设为"113.6px"，浓度（浓度）设为"6%"，间距（间隔）设为"12%"

新建"添加（加算）"图层，并把不透明度（不透明度）调为"18%"

05 把"叠加（オーバーレイ）"模式的"文字盘画草稿（文字盘の绘ラフ）"图层的不透明度（不透明度）降到70%。景泰蓝部分暂时告一段落。

把"文字盘画草稿（文字盘の绘ラフ）"图层的不透明度（不透明度）调整为"70%"

给书架上色

01 下面描画位于画面后方的搁架。对齐平行尺与3点透视法尺子，画出书架的轮廓线。

① 选择"背景1（背景1）"图层

② 打开"尺子3（定规3）"和"尺子-3（定规-3）"的对齐按钮

02 用"铅笔（鉛筆）"工具给搁架隔板上色。为了得到逼真的效果，要改变笔压强弱，使画面略微呈现出斑点。

 选择"铅笔（鉛筆）"工具，并把其最大半径（最大半径）设为"128.1px"，浓度（濃度）设为"92%"，间距（間隔）设为"15%"

03 在"背景1（背景1）"图层下新建"背景2（背景2）"图层，并用不显眼的茶色填充书架与墙壁部分。窗户用"橡皮擦（硬边）［消しゴム（ハード）］"工具擦掉。

① 新建"背景2（背景2）"图层

 ② 选择"矩形填充（矩形塗りつぶし）"工具

 ③ 设置描画色（描画色），给书架和墙壁上色

（④ 见右上图）

 ④ 选择"橡皮擦（消しゴム）"工具，并把其最大半径（最大半径）设为"18.9px"，最小半径（最小半径）设为"5%"，浓度（濃度）设为"100%"，间距（間隔）设为"10%"

⑤ 上述设置中使用"铅笔（鉛筆）"工具

04 接下来描画搁架内部。对齐3点透视法尺子，画上向后方延伸的线条。为了强调向后的感觉，沿着透视尺，多画几条线。

① 对齐"尺子3（定规3）"

② 设置描画色（描画色）。选择"铅笔（铅笔）"工具，并把其最大半径（最大半径）设为"9.3px"，浓度（濃度）设为"92%"，间距（間隔）设为"15%"

④ 设置描画色（描画色）。选择"铅笔（鉛筆）"工具，并把其最大半径（最大半径）设为"47.6px"，浓度（濃度）设为"60%"，间距（間隔）设为"15%"

③ 画出向后方延伸的线条

⑤ 粗略画上阴影

05 下面描绘下方书架。使用3点透视法尺子，画出书的轮廓。

③ 设置描画色（描画色）。把"铅笔（鉛筆）"工具的最大半径（最大半径）设为"9.3px"，浓度（濃度）设为"89%"，间距（間隔）设为"15%"

① 选择"背景2（背景2）"图层

② 对齐"尺子3（定规3）"图层

06 用焦茶色填充书的上部，表现出书与书架之间留有空间的感觉。用粉红色、黄色、淡青色、黄绿色与复古流行情调的配色给书脊上色。尽管很想一鼓作气把书的装订和书名画上，但是这里使劲忍住了。就绘画来说，密度的平衡非常重要。这幅插画密度高的地方很多，所以这里就对密度进行了调整，使整体感觉相协调。

07 新建一个"正片叠底（乗算）"图层，在书与书之间，用"喷枪（エアーブラシ）"工具加上影子。

 设置描画色（描画色）。把"喷枪（エアーブラシ）"工具的最大半径（最大半径）设为"37.6px"，浓度（濃度）设为"6%"，间距（間隔）设为"12%"

新建"正片叠底（乗算）"图层

08 在"背景1（背景1）"和"背景2（背景2）"下面新建一个"背景3（背景3）"图层，画上窗框。与搁架相同，使用2种透视尺描画。

新建"背景3（背景3）"图层

 设置描画色（描画色）。把"铅笔（鉛筆）"工具的最大半径（最大半径）设为"14.9px"，浓度（濃度）设为"100%"，间距（間隔）设为"15%"

09 这扇窗上镶着颜色各异的玻璃。由于想表现出一种像以前的老玻璃那样歪斜的感觉，所以使用轻巧的笔触上色。

 ① 选择"铅笔（鉛筆）"工具

ブラシ設定		
最大半径	32.6	px
最小半径	0	%
濃度	62	%
間隔	15	%

② 在笔刷设置（ブラシ設定）中，把最大半径（最大半径）设为"32.6px"，浓度（濃度）设为"62%"，间距（間隔）设为"15%"

10 新建一个"添加（加算）"图层，使用
"喷枪（エアーブラシ）"工具加上窗户
的光线。使书架边缘也受到光照，营造
出一种空间感。

① 新建"添加（加
算）"图层，并把不
透明度（不透明度）
调整为"50%"

② 选择"喷枪（エアーブラシ）"工具，并把其最
大半径（最大半径）设为"344.2px"，浓度（濃度）
设为"6%"，间距（間隔）设为"12%"

③ 设置描画色（描画色）

11 使用"透明水彩（透明水彩）"工具，
把墙壁颜色由茶色改为白色。

设置描画色（描画色）

12 给书架涂上淡淡的茶色，使其略微
发暗。

① 选择"喷枪（エアーブラシ）"工具，并把其最大
半径（最大半径）设为"344.2px"，浓度（濃度）设
为"6%"，间距（間隔）设为"12%"

② 设置描画色（描画色）

13 观察发现少女头发颜色略浅，复制"少
女头发（少女髪）"图层，并把"正片
叠底（乘算）"模式的不透明度（不透
明度）调整为54%。这时，刘海部分使
用"喷枪（エアーブラシ）"工具加上白
色，使其颜色显得明快。在"正片叠底
（乘算）"图层中使用白色，能够达到
与使用"橡皮擦（消しゴム）"工具同样
的效果。

调整整体的气氛

01 在对搁架进行刻画之前，先调整一下整体的气氛。如果已经厌倦了细节描绘，先调整一下整体的氛围。这样一来，完工后的形象就会更加清晰，可以保持干劲。首先，在前方物体上粗略地加上阴影。使画面前方颜色变暗，这样会令画面显得更有深度。

02 通过菜单栏的"图层（レイヤー）"→"复制图层组（レイヤーセットを複製）"，将"少女（少女）"图层组全部复制。通过菜单栏的"图层（レイヤー）"→"合并图层组（レイヤーセットを結合）"，将复制的"少女（少女）"图层组合并。同样，对"时钟木质部件（時計木パーツ）"图层也进行复制。

① 复制"少女-复制（少女-コピー）"图层组

② 合并"少女-复制（少女-コピー）"图层组

③ 复制"时钟木质部件（時計木パーツ）"

03 用深紫色填充"少女-复制（少女-コピー）"和"时钟木质部件（時計木パーツ）"图层后，把其调整为"正片叠底（乗算）"图层。这样就能够在不溢出描画领域的情况下，涂上阴影颜色。使用同样的步骤，建立时钟的正片叠底阴影图层。

① 设置描画色（描画色），使用"矩形填充（矩形塗りつぶし）"工具填充

②把混合模式（合成モード）调整为"正片叠底（乗算）"

04　将"少女－复制（少女-コピー）"和"时钟木质部件（時計木パーツ）"图层合并。使用"喷枪（エアーブラシ）"工具，给人物前方的地板也涂上阴影，并把不透明度（不透明度）调整为27%。

（① 见右图）

② 设置描画色（描画色）。把"喷枪（エアーブラシ）"工具的最大半径（最大半径）设为"459.8px"，浓度（濃度）设为"6%"，间距（間隔）设为"12%"

少女 -コピー 100% 垂算		① 合并图层
少女 100% 標準		
レイヤー61 30% オーバーレイ		
達磨花瓶 100% 乗算		
達磨花瓶 100% 標準		
時計台光 100% 加算		
時計台線画 100% 標準		
時計木パーツ 100% 乗算		

 →

③ 使用"喷枪（エアーブラシ）"工具，把地板前方也加上阴影

④ 把图层的不透明度（不透明度）降到"27%"

 05　对细节部位的阴影进行调整。如果就这样放着不动的话，人物皮肤颜色过于发暗，使用"喷枪（エアーブラシ）"工具，在人物的脸部和腿部加上浅茶色。

少女 -コピー　27% 乗算

① 选择"少女－复制（少女-コピー）"图层

② 选择"喷枪（エアーブラシ）"工具，并把其最大半径（最大半径）设为"459.8px"，浓度（濃度）设为"6%"，间距（間隔）设为"12%"

 ③ 设置描画色（描画色）

06 使用"喷枪（エアーブラシ）"工具，为花瓶的茶花和人物的边缘加上橘色。它们是光线照射到的地方。

 设置描画色（描画色）。把"喷枪（エアーブラシ）"工具的最大半径（最大半径）设为"188.4px"，浓度（濃度）设为"30％"，间距（間隔）设为"12％"

07 纸糊狗的尾巴内侧和头部靠里的位置同样也被从窗户射进来的光线照射到，所以用"喷枪（エアーブラシ）"工具加上淡青色。

设置描画色（描画色）。把"喷枪（エアーブラシ）"工具的最大半径（最大半径）设为"188.4px"，浓度（濃度）设为"30％"，间距（間隔）设为"12％"

08 时钟镂空雕刻部分的边缘也受到了光线的照射，给此处涂上黄色。

设置描画色（描画色）。把"喷枪（エアーブラシ）"工具的最大半径（最大半径）设为"188.4px"，浓度（濃度）设为"30％"，间距（間隔）设为"12％"

09 阴影部分的图层用"正常（通常）"模式和100％的不透明度（不透明度）显示的话，会比较清晰。显示后是右图这种状态。

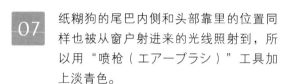

10 由于画面前方存在第二光源，所以把画面前方稍微调得明亮一些。新建一个不透明度（不透明度）为31%的"添加（加算）"图层"图层108（レイヤー108）"，制作红色透明的渐变。在其上新建一个不透明度（不透明度）为7%的"添加（加算）"图层"图层109（レイヤー109）"，在画面中央附近，用"喷枪（エアーブラシ）"工具画上一条橘色的带子。

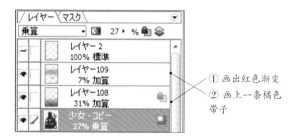

① 画出红色渐变
② 画上一条橘色带子

11 返回"少女－复制（少女‐コピー）"图层，在罩衫左侧用"喷枪（エアーブラシ）"工具加上红色。

① 选择"少女－复制（少女‐コピー）"图层

② 选择"喷枪（エアーブラシ）"工具，并把其最大半径（最大半径）设为"344.2px"，浓度（濃度）设为"81%"，间距（間隔）设为"12%"

③ 设置描画色（描画色）

12 使用"喷枪（エアーブラシ）"工具给景泰蓝部分加上黄色，表现出位于画面前方的第二光源的光线淡淡地照在上面的效果。

设置描画色（描画色）

13 新建一个"添加（加算）"图层。正如其名字"照射进来的阳光（差し込む光）"一样，它描绘的是从窗户射进来的光线。

① 新建"照射进来的阳光（差し込む光）"图层

② 设置描画色（描画色）。把"铅笔（鉛筆）"工具的最大半径（最大半径）设为"6.6px"，浓度（濃度）设为"94%"，间距（間隔）设为"15%"

14 通过显示和隐藏"照射进来的阳光（差し込む光）"图层进行确认。建议加入稍微夸张一些的光线，这样会让整个画面显得更加生动。

隐藏的状态

显示的状态

15 选择"照射进来的阳光（差し込む光）"图层，给腿部的阴影部分加上蓝色，使其呈现出略微发暗的效果。

① 选择"照射进来的阳光（差し込む光）"图层

② 选择"指尖（指先）"工具，并把其最大半径（最大半径）设为"103.9px"，浓度（濃度）设为"17%"，间距（間隔）设为"10%"

③ 设置描画色（描画色）

16 将"图层108（レイヤー108）"与"图层109（レイヤー109）"合并，并把图层名称改为"光色调整（光色調整）"。选择这一图层，使用"橡皮擦（硬边）〔消しゴム（ハード）〕"工具仅把人物眼睛部分擦掉，加强眼睛效果。

① 选择"光色调整（光色調整）"图层

② 选择"橡皮擦（硬边）〔消しゴム（ハード）〕"工具，并把其最大半径（最大半径）设为"10.1px"，最小半径（最小半径）设为"5%"，浓度（濃度）设为"100%"，间距（間隔）设为"10%"

→

给搁架和陈列物品上色

01 气氛调整完毕后，开始刻画搁架的细节部分。将"草稿（ラフ）"图层隐藏。

		背景1 100% 標準
		ラフ 32% 標準
		背景2 100% 標準
		背景3 100% 標準

隐藏"草稿（ラフ）"图层

02 在搁架表面，用焦茶色画上木纹笔触。

		背景1 100% 標準

① 选择"背景1（背景1）"图层

② 选择"铅笔（鉛筆）"工具，并把其最大半径（最大半径）设为"10.5px"，浓度（濃度）设为"78%"，间距（間隔）设为"15%"

③ 设置描画色（描画色）

03 在左侧加上两个带门的搁架。同样加上木纹笔触。

		背景1 100% 標準

① 选择"背景1（背景1）"图层

② 选择"铅笔（鉛筆）"工具，并把其最大半径（最大半径）设为"10.1px"，浓度（濃度）设为"58%"，间距（間隔）设为"15%"

③ 设置描画色（描画色）

04 新建图层"图层114（レイヤー114）"，
绘制搁架古董的草稿线条。画好草稿后，
把图层的不透明度（不透明度）降到
23%。

① 新建"图层114
（レイヤー114）"

（① 见右上图）

② 选择"铅笔（鉛筆）"工具，并把其最大半
径（最大半径）设为"10.5px"，浓度（濃度）
设为"78%"，间距（間隔）设为"15%"

③ 设置描画色（描画色）

05 从位于右侧搁架上的狐狸面具开始描
绘。搁架内部用浅紫色上色。

① 新建"古董品类
（骨董品類）"图层

② 设置描画色（描画色）。把"铅笔（鉛筆）"工具
的最大半径（最大半径）设为"47.5px"，浓度（濃
度）设为"100%"，间距（間隔）设为"15%"

06 用带有黄色的白色描画狐狸面具的大致形
状。阴影部分涂上焦茶色，画出形状。

① 设置描画色（描画色）。把"铅笔（鉛筆）"工
具的最大半径（最大半径）设为"17.8px"，浓度（濃
度）设为"64%"，间距（間隔）设为"15%"

（②和③见右图）

② 描画大致形状　　　　③ 按造型上色

07 下面绘制狐狸面具的图案。由于想做成一个有特点的造型，所以眼睛和嘴部分别加了封印。为了表现出立体感，新建一个"添加（加算）"图层。加上光线，降低不透明度后，将其与"背景2（背景2）"图层合并。感觉下方狐狸面具的下巴有点歪斜，使用"自由变形（自由变形）"工具进行调整。

① 新建"添加（加算）"图层"图层118（レイヤー118）"，并把不透明度（不透明度）调低

⑤ 将"图层118（レイヤー118）"与"背景2（背景2）"图层合并

② 选择"喷枪（エアーブラシ）"工具，并把其最大半径（最大半径）设为"223.6px"，浓度（濃度）设为"4%"，间距（間隔）设为"12%"

 ③ 设置描画色（描画色）

④ 绘制图案，在"添加（加算）"图层上画上光线

⑥ 修改下方狐狸面具的下巴

08 在搁架里面画上蓝色的布料效果。

① 选择"背景2（背景2）"图层

 ② 选择"铅笔（鉛筆）"工具，并把其最大半径（最大半径）设为"19.9px"，浓度（濃度）设为"82%"，间距（間隔）设为"15%"

 ③ 设置描画色（描画色）

09 专心对古董类物品进行描画。在右下方的一层，画上装有碟子的盒子。

选择"古董品类（骨董品類）"图层

10　左侧下层放的是金属制蝴蝶胸针。按照设定，它是略微古旧的金属，所以高光偏暗沉。

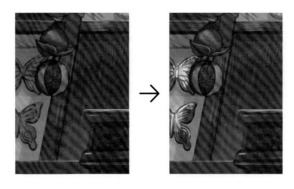

11　由于感觉画面的平衡感不好，所以就使用"多边形选择（多角形選択）"工具，把位于蝴蝶胸针旁边的隔板门圈起来擦掉，又做上一个可以看到里面的搁架。画上纵深感和阴影。

选择"多边形选择（多角形選択）"工具

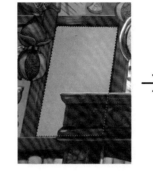

12　在蝴蝶胸针的旁边画上一个壶。给壶加上高光，表现出光泽感。为了强调立体感，沿着壶的形状加上笔触。

骨董品類
100% 標準

选择"古董品类（骨董品類）"图层

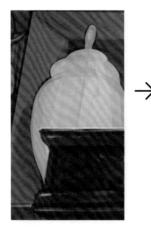
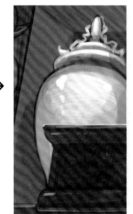

13　在"正片叠底（乗算）"图层"图层123（レイヤー123）"上画上壶的花纹。勾选图层的"保护透明部分（透明部分を保護）"后，在壶身转向后侧的地方涂上发暗的淡青色，在壶身向前凸出的地方涂上明亮的淡青色。这样就使立体感得到了加强。然后，再建立一个"添加（加算）"图层"图层124（レイヤー124）"，在壶身的凸出面上加上光线。

14 通过菜单栏的"图层（レイヤー）"→"合并图层（レイヤーの結合）"，将"图层123（レイヤー123）""图层124（レイヤー124）"与"古董品类"图层合并，用"铅笔（鉛筆）"工具调整壶的轮廓线。

① 与"古董品类（骨董品類）"图层合并

 ② 设置描画色（描画色）。把"铅笔（鉛筆）"工具的最大半径（最大半径）设为"13.9px"，浓度（濃度）设为"8%"，间距（間隔）设为"15%"

15 接下来绘制右上方搁架上的书。绘制步骤与描绘下层书架时相同。用"铅笔（鉛筆）"工具画出轮廓后，涂上底色，刻画细节部分。

选择"古董品类（骨董品類）"图层

16 下面画放在右侧搁架上的粉红色盘子。在"古董品类（骨董品類）"图层中涂上基色。使用"喷枪（エアーブラシ）"工具，在上部画上紫色的影子。

 设置描画色（描画色）。把"喷枪（エアーブラシ）"工具的最大半径（最大半径）设为"278.9px"，浓度（濃度）设为"3%"，间距（間隔）设为"12%"

17 新建一个"正片叠底（乗算）"图层，描画盘子的图案。图案部分勾选"保护透明部分（透明部分に保護）"，用"喷枪（エアーブラシ）"工具加上阴影。

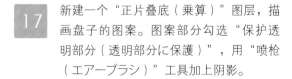

新建"正片叠底（乗算）"图层"图层127（レイヤー127）"

18 按照与画壶相同的步骤画碗。

① 选择"古董品类（骨董品類）"图层，描画基色

② 新建"图层128（レイヤー128）"，绘制图案，并将其与"古董品类（骨董品類）"图层合并。

19 新建一个"叠加（オーバーレイ）"图层，结合整体的平衡，用"喷枪（エアーブラシ）"工具在搁架的各个部位加上茶色。这样一来，搁架内部和外部的颜色就统一起来了。

① 新建"图层131（レイヤー131）"，并把不透明度（不透明度）调整为"56%"

② 设置描画色（描画色）。把"喷枪（エアーブラシ）"工具的最大半径（最大半径）设为"258.7px"，浓度（濃度）设为"4%"，间距（間隔）设为"12%"

（③见右图）

③ 搁架颜色统一起来了

20 给右侧抽屉与左侧的对开门加上把手。首先对齐透视尺，画出把手位置的基准线。

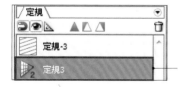

① 通过"尺子（定规）"面板，对齐2点透视法尺子"尺子3（定规3）"

② 新建"图层132（レイヤー132）"。在这里画上透视线，把其作为基准线使用

③ 画上把手的基准线

21
把"图层132（レイヤー132）"的不透明度降到39%。在上面新建"把手（取っ手）"图层，并描绘把手。调整笔压，使其发生强弱不同的变化，一边画出弯弯曲曲的笔触，一边上色，表现出有细腻装饰的金属的感觉。下部画上发暗的轮廓线，表现出金属的立体感。最后用白色密密地画上高光。

④ 描绘把手

② 新建"把手（取っ手）"图层

① 把"图层132レイヤー132）"的不透明度（不透明度）调整为"39%"

 ③ 设置描画色（描画色）。把"铅笔（鉛筆）"工具的最大半径（最大半径）设为"7.6px"，浓度（濃度）设为"100%"，间距（間隔）设为"15%"

（④和⑤ 见右图）

⑤ 用白色密密地加上高光

22
勾选"保护透明部分（透明部分を保護）"，在把手右侧加上一点点紫色影子。其他把手也用同样的方法刻画。

勾选"保护透明部分（透明部分を保護）"

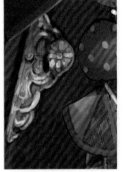

23
用"矩形填充（矩形塗りつぶし）"工具给罩衫上的玻璃珠和纸牌上色。纸牌涂成混有绿色的褐色，玻璃珠分别涂成淡青色、粉红色和黄色。

 ② 选择"矩形填充（矩形塗りつぶし）"工具。用各种描画色给陪衬物上色

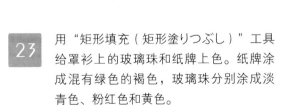

① 新建"陪衬物2（小物2）"图层

（② 见右图）

给茶花和陪衬物上色

 01 选择"陪衬物叠加（小物オーバーレイ）"图层，用"喷枪（エアーブラシ）"工具给不倒翁花瓶部分加上粉红色，使颜色加深。

（① 见右上图）

② 设置描画色（描画色）。把"喷枪（エアーブラシ）"工具的最大半径（最大半径）设为"213.5px"，浓度（浓度）设为"68%"，间距（间隔）设为"12%"

① 选择"陪衬物叠加（小物オーバーレイ）"图层

02 用"喷枪（エアーブラシ）"工具给茶花的花瓣部分也涂上红色，使颜色加深。

在"陪衬物叠加（小物オーバーレイ）"图层上涂上红色

03 给位于金鱼饰物内侧的吊饰加上阴影和高光。

⑤ 选择"铅笔（铅笔）"工具，并把其最大半径（最大半径）设为"6.5px"，浓度（浓度）设为"70%"

⑥ 设置描画色（描画色）

① 选择"饰物·内侧（饰り·奥）"图层

② 选择"喷枪（エアーブラシ）"工具，并把其最大半径（最大半径）设为"67.7px"，浓度（浓度）设为"44%"，间距（间隔）设为"12%"

④ 新建"添加（加算）"图层"图层135（レイヤー135）"

③ 用黑色加上影子

⑦ 加上高光

04 新建一个"正片叠底（乘算）"图层，在搁架下部与地板的内侧，用"喷枪（エアーブラシ）"工具加上阴影。

① 新建"地板阴影（床の影）"图层，并把混合模式（合成モード）设为"正片叠底（乘算）"

② 设置描画色（描画色）。把"喷枪（エアーブラシ）"工具的最大半径（最大半径）设为"208.5px"，浓度（濃度）设为"26%"，间距（間隔）设为"12%"

05 新建"图层137（レイヤー137）"，把后面的背景全部涂成蓝色。然后，把混合模式（合成モード）设为"正片叠底（乘算）"，并把不透明度（不透明度）设为31%。这是为了让画面后方的颜色显得更加沉稳。

① 选择"不透明水彩（不透明水彩）"工具，并把其最大半径（最大半径）设为"72.8px"，浓度（濃度）设为"36%"，延伸效果（のばし效果）设为"72"，模糊效果（ぼかし效果）设为"46"，影响距离（影響距離）设为"56"，间距（間隔）设为"26%"

② 设置描画色（描画色）

06 新建一个"背景色调整（背景色調整）"图层，并把混合模式（合成モード）设为"滤色（スクリーン）"，不透明度（不透明度）设为15%，把后方背景全部涂成蓝色。这样感觉后方背景并不是特别白，使画面显得更加清楚。

① 选择"背景色调整（背景色調整）"图层

② 选择"不透明水彩（不透明水彩）"工具，并把其最大半径（最大半径）设为"72.8px"，浓度（濃度）设为"36%"，延伸效果（のばし效果）设为"72"，模糊效果（ぼかし效果）设为"46"，影响距离（影響距離）设为"56"，间距（間隔）设为"26%"

③ 设置描画色（描画色）

07 由于茶花叶的颜色过浅，因此选择茶花部分，将复制（コピー）"粘贴（贴り付け）"的图层设为"正片叠底（乘算）"模式，加深颜色。

（①见右图）

① 选择茶花部分并复制 ④ 茶花的颜色变深了

② "粘贴（贴り付け）"后，就会建立一个新的图层

③ 把混合模式（合成モード）改为"正片叠底（乘算）"模式

（④见右图）

08 描画纸牌。粘贴上自己制作的纸牌图案素材，通过"自由变形（自由变形）"工具，按照纸牌的形状进行变形处理。调整翻过来的纸牌的轮廓，表现出略有厚度的感觉。

粘贴素材

📥 数据

纸牌图案素材下载地址发布于新浪微博@牛奶系_绘画营养阅读，请前往免费下载

09 选择"背景阴影（背景影）"图层，使用"喷枪（エアーブラシ）"工具，给被窗户射进来的光线照到的搁架部分加上红色。

① 选择"背景阴影（背景影）"图层

② 选择"喷枪（エアーブラシ）"工具，并把其最大半径（最大半径）设为"344.2px"，浓度（浓度）设为"55%"，间距（间隔）设为"12%"

③ 设置描画色（描画色）

10　接下来描绘罩衫图案。在画着大致图样的"和服花纹草稿（着物模様）"图层的上面，新建一个"和服花纹（着物模様）"图层，仔细描绘图案。描绘图案时，我参考了实际存在的传统和服花纹。描绘时，需要注意使花纹与布料的起伏相吻合。这种细小的起伏使用粘贴素材的方法很难表现出来，所以最好自己动手绘制。

① 新建"图层145（レイヤー145）"

（②见左下图）

③ 新建"和服花纹（着物模様）"图层

④ 以锦缎布料的质感为目标，注意使花纹稍微表现出立体感

② 粗略画出在什么地方描绘图案

⑤ 按照周围布料的明亮程度，罩衫内侧以及由于其他物品的影子而发暗的部分，图案也略微发暗

11　加上金鱼充气玩具的影子。到这里为止，细致描画工作基本结束。剩下的工作是细节部分的润色修改和颜色的调整，一直改到自己满意为止。对细节进行润色，观察整体的平衡情况，加上颜色滤镜之后，再次观察整体的平衡情况，这一操作需要反复进行。如果中间没有间断，就会看不出画得好坏，稍微放置一会儿，再次启动作业，就能够客观地观察自己的作品。

收尾

01 在"照射进来的阳光（差し込む光）"图层，给花瓶里的茶花增加高光。

设置描画色（描画色）。把"铅笔（鉛筆）"工具的最大半径（最大半径）设为"19.1px"，浓度（濃度）设为"100%"，间距（間隔）设为"15%"

 →

02 细致地描绘仅涂上基色就放在一边的玻璃珠。

① 选择"陪衬物2（小物2）"图层

② 适当调整描画色（描画色）。把"铅笔（鉛筆）"工具的最大半径（最大半径）设为"17.4px"，浓度（濃度）设为"68%"，间距（間隔）设为"15%"

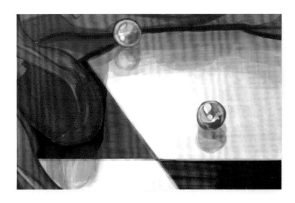

03 给位于罩衫内侧的图案涂上浅浅的暗红色，同时给外侧图案的金线部分加上高光。

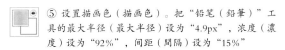⑤ 设置描画色（描画色）。把"铅笔（鉛筆）"工具的最大半径（最大半径）设为"4.9px"，浓度（濃度）设为"92%"，间距（間隔）设为"15%"

④ 新建"图层149（レイヤー149）"，并把混合模式（合成モード）设为"添加（加算）"

① 选择"和服花纹（着物模様）"图层

（⑤和⑥ 见右图）

② 设置描画色（描画色）。把"铅笔（鉛筆）"工具的最大半径（最大半径）设为"57.7px"，浓度（濃度）设为"50%"，间距（間隔）设为"15%"

（③ 见右图）

⑥ 加上高光

③ 涂上暗红色

04　新建一个"柔光（ソフトライト）"图层，用"喷枪（エアーブラシ）"工具把画面内的红色部分涂上红色，以示强调。时钟的景泰蓝部分也涂上粉红色，并提高饱和度（彩度）。

赤追加
100% ソフトライト
　　→　选择"增加红色（赤追加）"图层

05　由于制服颜色过浅，新建一个"柔光（ソフトライト）"图层，使用"透明水彩（透明水彩）"工具描画影子部分，加深颜色。

レイヤー151
78% ソフトライト
　　→　① 新建"图层151（レイヤー151）"

② 设置描画色（描画色）。把"透明水彩（透明水彩）"工具的最大半径（最大半径）设为"118.0px"，浓度（濃度）设为"36%"，延伸效果（のばし効果）设为"72"，模糊效果（ぼかし効果）设为"46"，影响距离（影響距離）设为"56"，间距（間隔）设为"15%"

06　选择"照射进来的阳光（差し込む光）"图层，在底座顶板上面增加高光。

差し込む光
100% 加算
　　→　① 选择"照射进来的阳光（差し込む光）"图层

② 设置描画色（描画色）。把"喷枪（エアーブラシ）"工具的最大半径（最大半径）设为"123.0px"，浓度（濃度）设为"7%"，间距（間隔）设为"12%"

07　加深纸糊狗头部的黑色。

设置描画色（描画色）。把"铅笔（鉛筆）"工具的最大半径（最大半径）设为"52.7px"，浓度（濃度）设为"72%"，间距（間隔）设为"15%"

08 新建一个"叠加（オーバーレイ）"图层，在吊饰处涂上橘色，形成具有温暖感的颜色。

① 新建"图层155（レイヤー155）"

② 设置描画色（描画色）。把"喷枪（エアーブラシ）"工具的最大半径（最大半径）设为"198.4px"，浓度（濃度）设为"7%"，间距（間隔）设为"12%"

09 在文字盘周围画上日式花纹的纹理。这里使用了同人志STARWALKER STUDIO创作的素材集《日本传统图案素材集》中收录的"029"号素材。

● STARWALKER STUDIO
http://starwalkerstudio.com/

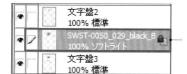

粘贴上纹理

10 为了表现出木材部分的素材感，我把实际拍摄的木材照片作为纹理贴上。沿着透视线，像贴木材部分一样把素材贴上去。单击"时钟木质部件（時計木パーツ）"图层尚未描画的区域，就会自动选择未描画的区域［"魔棒（自动选择）"的显示图像复选框处于关闭状态］。使用菜单栏的"编辑（编集）"→"清除（消去）"，把选择区域内的纹理一下子删除。文字盘部分等处手动消除。

① 贴上纹理

② 选择未描画部分

11　把纹理的图层模式改为"叠加（オーバーレイ）"。使用"指尖（扩散）[指先（拡散）]"工具，沿着木质浮雕部位描画，使纹理显得更为自然。

① 把"图层1（レイヤー1）"改为"叠加（オーバーレイ）"

② 选择"指尖（扩散）[指先（拡散）]"工具，并把其最大半径（最大半径）设为"85.1px"，浓度（濃度）设为"80%"，间距（間隔）设为"19%"

→

12　在搁架下部增加木雕图案。为了表现出木雕的立体感，要刻画出明亮的一面和发暗的一面。

② 选择"铅笔（鉛筆）"工具，并把其最大半径（最大半径）设为"16.1px"，浓度（濃度）设为"100%"，间距（間隔）设为"15%"

① 选择"背景3（背景3）"图层

（② 见右图）

13　在景泰蓝周围的金属部分贴上纹理。这是剪切以前制作的插画的一部分后制作的冰山纹理，类似于宝石图案。使用"选区（選択範囲）"工具，把不需要的部分删除，使用"叠加（オーバーレイ）"模式，以50%的不透明度（不透明度）粘贴。这样一来，金属部分的配色就变复杂了，显得很有深度。

📥 数据

冰山纹理的原创素材下载地址发布于新浪微博@牛奶系_绘画营养阅读，请前往免费下载

14　选择"少女润色1（少女加筆1）"图层。加上手套的抽绳部分。

设置描画色（描画色）。把"铅笔（鉛筆）"工具的最大半径（最大半径）设为"7.5px"，浓度（濃度）设为"100%"，间距（間隔）设为"15%"

15 在整个画面上贴上纹理。这里是用扫描的方法纳入了用水彩铅笔重复涂画的多条颜色的线，然后再用水画圈形成的纹理。我非常喜欢这种纹理，每次绘图收尾阶段都会使用这种纹理。纳入手绘纹理并粘贴在画面上，会使图画表现出逼真的效果。使用"滤色（スクリーン）"图层模式，以21%的不透明度（不透明度）叠加上去。复制这一纹理图层，接下来使用"叠加（オーバーレイ）"图层模式，用15%的不透明度（不透明度）叠加上去。打开菜单栏的"滤镜（フィルタ）"→"色调调整（色调補正）"→"色相/饱和度（色相·彩度）"，将"饱和度（彩度）"设为-100。

数据

纹理的原创素材下载地址发布于新浪微博@牛奶系_绘画营养阅读，请前往免费下载

把不透明度（不透明度）改为"21%"，并改为"滤色（スクリーン）"模式

复制"纹理（テクスチャ）"图层，并把不透明度（不透明度）改为"15%"，并选择为"叠加（オーバーレイ）"模式

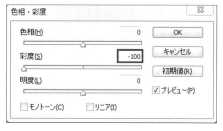

把饱和度（彩度）设为"-100"

16 由于反复使用"滤色（スクリーン）"模式的图层，人物的头发变得过浅，失去了黑发的质感，所以使用"橡皮擦（消しゴム）"工具把少女的头发部分擦掉。

选择"橡皮擦（消しゴム）"工具，并把其最大半径（最大半径）设为"18.9px"，最小半径（最小半径）设为"5%"，浓度（濃度）设为"100%"，间距（間隔）设为"10%"

17 新建一个"叠加（オーバーレイ）"图层，描画底座木雕部分的影子，以示强调。

① 新建"图层169（レイヤー169）"

② 把"铅笔（鉛筆）"工具的最大半径（最大半径）设为"8.4px"，浓度（濃度）设为"100%"，间距（間隔）设为"15%"

③ 设置描画色（描画色）

② 把"铅笔（鉛筆）"工具的最大半径（最大半径）设为"11.1px"，浓度（濃度）设为"100%"，间距（間隔）设为"15%"

18 新建一个"添加（加算）"图层，在画面中的几个地方点上光点。这是少女漫画中经常使用的表现手法，即所谓的"飞白"。这种技法可以表现空气的流动，让画面显得更加华丽和光彩夺目，还能够提高密度，是一种非常万能的技法。勾选这一光点图层的"保护透明部分（透明部分を保護）"，加上彩虹渐变。这样一来，配色就变复杂了。

① 新建"图层171（レイヤー171）"，并将其调整为"添加（加算）"模式。勾选"保护透明部分（透明部分を保護）"

（② 见右上图）

19 把刚才也用过的冰山纹理使用"叠加（オーバーレイ）"模式，以62%的不透明度（不透明度）粘贴到佩刀部分上。周边溢出的纹理也大胆保留原样，表现出了一种佩刀轮廓融入周围环境的柔和的气氛。

 →

新建粘贴纹理的图层

20　在时钟部分贴上矿物的纹理。这是漫画家滨元隆辅老师在Twitter（推特）中发布的纹理。因为他说也可以用作商业用途，所以这一纹理是我的一大宝贝。使用"叠加（オーバーレイ）"模式和50%的不透明度（不透明度）贴上。贴上了石头纹理后，这一物体本身也显得非常有重量感。

21　由于感觉桌子内侧略显单薄，所以新建一个"叠加（オーバーレイ）"图层，把桌子内侧部分涂上焦茶色。把图层的不透明度（不透明度）设为80%，并将其与"时钟底座图案润色（時計台柄加筆）"图层合并。

① 新建"图层176（レイヤー176）"，并把混合模式（合成モード）改为"叠加（オーバーレイ）"

② 设置描画色（描画色）。把"铅笔（鉛筆）"工具的最大半径（最大半径）设为"15.5px"，浓度（濃度）设为"100%"，间距（間隔）设为"15%"

22　观察发现，人物的右腿似乎过长，因此稍作修改。复制"图层1（レイヤー1）"，使用"选框（選択ツール）"工具仅把右腿末端圈起来，使用"自由变形（自由変形）"工具，使其歪斜一点。周围使用"铅笔（鉛筆）"工具补上。

23 新建一个"添加（加算）"图层，在人物的眼睛里画上淡青色，使其显得闪闪发光，加强眼睛给人留下的印象。此外，还对眼睛下部进行润色，修改为令人喜欢的大眼睛。

瞳きらきら追加
39% 加算

新建"增加眼睛发光（瞳きらきら追加）"图层

24 新建一个图层，用"铅笔（鉛筆）"工具给景泰蓝部分加上笔触。

七宝加筆
100% 標準

① 新建"景泰蓝润色（七宝加筆）"图层

② 设置描画色（描画色）。把"铅笔（鉛筆）"工具的最大半径（最大半径）设为"3.4px"，浓度（濃度）设为"97%"，间距（間隔）设为"15%"

25 新建一个"正片叠底（乘算）"图层，从上往下给书架上的书涂上固有色，加强浓度。这样一来，整体画面给人的感觉更加强烈。

本棚濃度調整
100% 乗算

新建"书架浓度调整（本棚濃度調整）"图层

26 新建一个"正片叠底（乘算）"图层，给鞋子的一部分涂上焦茶色。

靴のいろ
75% 乗算

① 新建"鞋子颜色（靴のいろ）"图层

② 设置描画色（描画色）。把"铅笔（鉛筆）"工具的最大半径（最大半径）设为"3.4px"，浓度（濃度）设为"97%"，间距（間隔）设为"15%"

27 新建一个图层，从画面上方开始，加上
淡淡的橘色透明的渐变。用"橡皮擦
（消しゴム）"工具，把加在眼睛和头发
的一部分上的渐变擦掉。

新建"图层196（レイヤー196）"，把混合模式（合成モー
ド）设为"滤色（スクリーン）"，不透明度（不透明度）设
为"15%"。使用"橡皮擦（消しゴム）"工具擦掉后，调整
为"添加（加算）"模式

28 转到Photoshop CS5，进行最终的颜色调
整。在"色彩平衡（カラーバランス）"
中，把色阶（カラーレベル）调整为青色
"-15"。使用"色彩曲线（トーンカー
ブ）"，把整个画面稍微调亮。

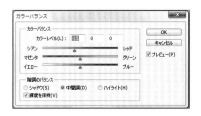

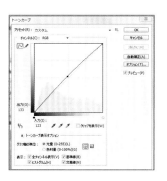

✏️ 技巧

用颜色引导视线

在此次的构图中，红色扮演了重要的角色。从首先映
入眼帘的人物脸部，视线沿着罩衫的红色向下方移
动。然后，经过纸糊狗花纹的红色，视线跳到左上侧
的金鱼饰物上。从这里开始，视线再次沿着红色移动
……就像视线在一张图中巡回移动一样设计构图。这
样，就会使一眼看到这幅画的读者把目光停留在画上
而不会挪开。

插画构图没有标准答案。这张构图也是结合我自己画
的图案和绘画方法画出来的。如果本书能够触动大家
发现自己的"准确答案"的灵感，我将深感荣幸。

29 至此，上色工作大功告成。

第3章

使用优动漫PAINT（CLIP STUDIO PAINT）绘制插画

<table>
<tr><td>第3章</td><td></td></tr>
</table>

使用优动漫PAINT（CLIP STUDIO PAINT）绘制插画

在本章中，将对使用优动漫PAINT（CLIP STUDIO PAINT）从线稿绘制，到给插画着色以及收尾为止的所有步骤进行说明。我将使用被称为"纯以灰色填充的装饰画法"的着色技巧，描画飞船和齿轮等复杂的人工物品以及包括大海和云朵等自然物品在内的风景。

准备草稿与画草图

01 启动优动漫PAINT（CLIP STUDIO PAINT）。新建一张尺寸为297×420、分辨率为350的画布，首先画出透视线和物体布局。

① 新建草稿图层"图层1"

② 设置描画色。选择"浓芯铅笔"，并把其笔刷尺寸设为"51.3"，硬度设为"63"，笔刷浓度设为"85"

粗略画出草稿

02 以粗略画出的大草稿为基准线，设置"透视尺"。沿着透视线画上几条线，作为绘制草图时的基准线。

③ 选择"G笔"工具，并把其笔刷尺寸设为"20.4"，不透明度设为"86"，消除锯齿设为"中"

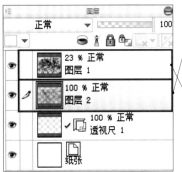

① 新建"图层2"，用于画透视线

② 把画有草稿的"图层1"的不透明度降到"23%"

（③~④ 见右图）

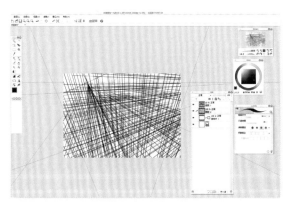

④ 画上透视线

设置插画的背景故事

我在绘制一些插画时，会深入设置细腻的背景故事。但是，基本上不会将其公布于众。为什么呢？因为把"中二病"悉数暴露出来，本人当然是会很羞涩的！

但是，本书的宗旨是"公开插画绘制的全部过程"，所以我只好厚着脸皮，公开第3章中设定的插画背景故事。

顺便提一下，此次的透视设定意象源于我去伦敦旅行时拍的大本钟周围环境的照片。很多时候，画面的透视感来自于作为资料使用的照片。

01　假设国家的名字是"维尔斯尼莱"，它是一个飘浮在空中的国家，由几百艘飞船组成。这个国家与地面上的各个国家基本没有交涉。但是，通过销售利用其固有的高超技术力量制作的时钟和工艺品，并在国与国之间运输货物与乘客，它与地面上的国家存在经济上的联系。有时它也会接纳地面上的人作为维尔斯尼莱的"国民"，不过这种情况极为罕见。因为能够被接纳为国民的门槛非常高（需要在工业领域具有非常突出的能力等），若不满足这一条件，无论怎样恳求，都不能成为维尔斯尼莱的国民。

维尔斯尼莱拥有侧面装有大炮的飞船等高度发达的军事力量，以备不时之需。但是，由于其与地面上文明的技术发达程度存在天壤之别（地面上相当于18～19世纪的欧洲文明程度，好不容易才开始载人飞行试验），所以，故意与这个飞船组织起冲突的国家几乎不存在。

对于地面上的人们来说，其超凡的技术水平就等于"神技"，甚至还存在信仰这一飞船组织的宗教。实际上，该飞船组织的祖先是一支科学家团队，他们通过时空旅行，从科学力量高度发达的世界降落到这片土地上。由于时空旅行设备损坏，无法回到原来的世界，并且不幸的是，当时，在这个世界上，有所谓"狩猎组织"在各地行动。为了保护自己免于受到"狩猎组织"的伤害，不管是外表还是语言行动都与此地的人们截然不同的科学家们逃到了"空中"，这就是维尔斯尼莱国的起源。维尔斯尼莱好像是科学家们想回却又回不去的位于遥远的另一个时空的故乡的名字。

02 维尔斯尼莱国的君主为世袭制，目前的君主是第15代。插画中间的女孩为下一代君主，是三姐妹中的二公主。

● 大公主

本来应当是长女继承君主之位，但是由于她的性格过于豪放不羁，经常降落到地面上玩耍长时间不回来，经过国民投票，她的继承权被剥夺了（但是，大公主本人对此毫不介意，不如说她是一副摆脱了沉重的责任和义务，落得清闲的样子）。

● 二公主

二公主责任感强烈，举止行动颇有下一代君主风范，威严十足，但是容易积累压力，大公主说她"看上去就让人没有安全感"。生性认真严肃的二公主与豪放不羁的大公主关系非常恶劣（实际上，二公主非常清楚，生性大方而又见多识广的大公主才适合担当君主之位，她是不甘心而已）。

● 三公主

三公主具有作为维尔斯尼莱国民不应有的恐高症。这是因为她小时候因一场事故从飞船中掉出过的缘故。平时，她就待在自己没有窗户的房间里乖乖看书。降落到地面上，自己栽种野菜，过上一种慵懒的生活是她将来的梦想。

乍看之下，这种设定与绘图工作没有任何关系，但是，如果自己做出了这种设定，在图画细节的设计上就不会摇摆不定，会比什么都能激发出创作的热情。

给创作的人物取好名字，设计好性格，就会令人心中涌现出对他（她）的热爱，设定好创作的"世界"的话，连背景的刻画都会变得无比有趣。

03 浅浅地显示透视基准线，绘制草稿。如果把天空加入画面当中，会使画面产生纵深感，所以在画面内侧设置地平线，留出天空的领域。

用于隐藏整体草稿的图层

把画草稿的"图层2"的不透明度降到"29%"

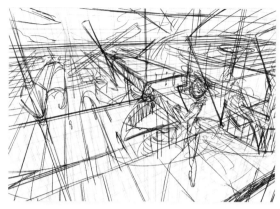

对于飞船的构思分成几个区域，我正在摸索怎样布置才能表现出良好的平衡感。一边考虑整体的平衡，一边描画草稿

04 以上述草稿为基础，进行更为具体的草图绘制。对原来草图中只有粗略形状的人物的表情和服装等进行进一步刻画。

② 新建"图层4"和"图层5"

① 把画有基准线的"图层1"的不透明度降到"12%"

 ③ 设置描画色。把"G笔"工具的笔刷尺寸设为"15.5"，不透明度设为"62"

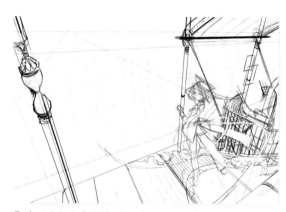

④ 在"图层4"中绘制人物。在"图层5"中绘制人物的细节和背景

05 把画面前方涂成绿色。像这样结构复杂的图画，为了避免混乱，按区域分开颜色，看起来就会一目了然。

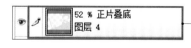

① 选择"图层4"

 ② 设置描画色。把"G笔"工具的笔刷尺寸设为"88.5"，不透明度设为"92%"

（③ 见右图）

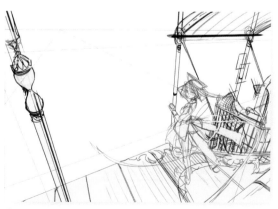

③ 把画面最前方的区域涂成绿色

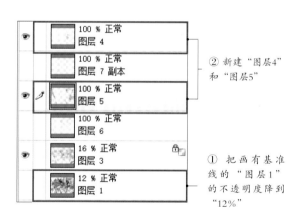

06　继续画草稿。我本来打算以前方人物为起点，把读者的视线向地平线方向引导，可这样的话，视线容易沿着栏杆滑向左侧。于是，我决定在画面左侧加上一个类似于屋顶一样的部件，把向左侧移动的视线截住。如果没有这个屋顶，视线就容易分成两股，即看向后方地平线方向的视线和沿着栏杆滑向左侧的视线，容易造成散漫的感觉。如果视线引导工作做得不好，"被吸引进这个世界"的感觉就会非常稀薄。

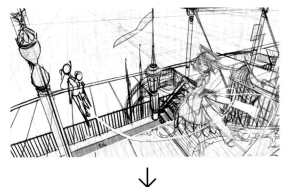

滑向画面左侧的视线方向被围成四角的部分拦住，转向后方

07　接下来绘制画面后方的布景和位于里侧的两个人物。最初我让二公主手中拿的是怀表，现在改成了望远镜。通过设置螺旋桨，有意识地使画面表现出了节奏感。在画面的最后方，画上大海。

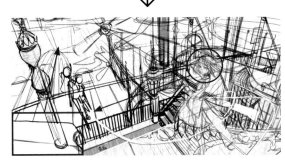

仔细刻画人物的细节部分、陪衬物和背景

08　新建"正片叠底"图层，使用"喷枪"工具，粗略画上阴影。如果明亮部位与暗淡部位区别明显，即便是元素很多的图画，也会"收拢"为一个整体，所以描绘复杂的图画时，要注意把阴影画清楚。

 ② 选择"喷枪"工具，并把其笔刷尺寸设为"799.4"，硬度设为"11"，笔刷浓度设为"45"

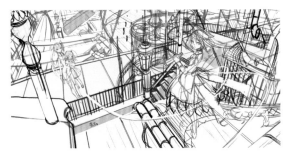

① 新建"正片叠底"图层
（②见右上图）
③ 新建"线性减淡（发光）"图层
（④见右图）

④ 在"线性减淡（发光）"图层中，在被光线照到的部分上加上橘色。设定的光源位于画面右前方

09 新建一个"叠加"图层，并粗略地涂上颜色。前方为带有粉红色的紫色，后方为蓝色的感觉。给位于前方的水管和椅子等各处也加上橘色。在第1章和第2章中说明的插画是基于"颜色意象"想象的插画，此次的图画则是基于"形状意象"想象出来的插画，所以细节部分的色调现阶段完全没有确定，将一边上色，一边按照画面的平衡确定。

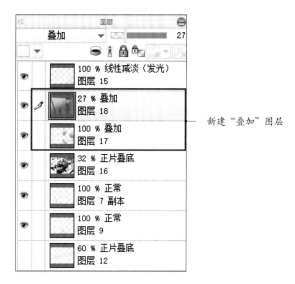

新建"叠加"图层

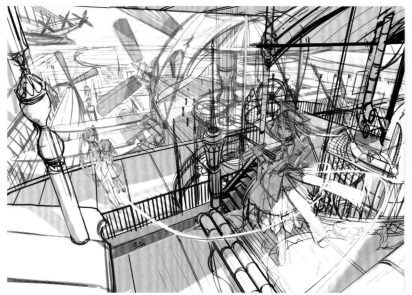

确定大致的配色

✏ 技巧

从颜色意象入手的插画与从形状意象入手的插画的区别

⬤ **从颜色意象入手时**

像第1章和第2章的插画，"我要画一个以红色为主色，并有藏蓝色和淡青色等颜色作为点缀的画面"，首先确定的是"颜色的意象"，按照颜色嵌入形状。画面的视线引导也多使用颜色进行。

⬤ **从形状意象入手时**

本章插画首先确定的是"形状的意象"，"我要画带有很多齿轮，看起来像时钟机械的飞船，通过俯瞰构图表现出一个广阔的空间"，颜色放在后面考虑。画面对视线的引导也多使用形状进行。

绘制人物线稿

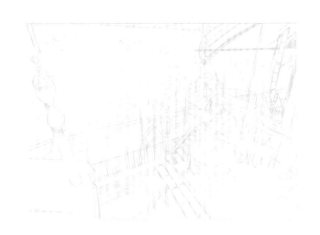

01　调低草稿图层的不透明度，进入线稿绘制作业。我平时画线稿基本使用openCanvas，在这幅图上，包括线稿在内，全部使用优动漫PAINT（CLIP STUDIO PAINT）完成。

把之前的图层合并，制作"草稿"图层，并把不透明度降至"15%"

02　画线稿时，使用"淡芯铅笔"工具，它在质感上与平时在openCanvas中使用的"铅笔"工具相似。从位于里侧的两个人物开始画线稿。有多个人物时，也多采用这种从里侧人物开始画的方法。由于位于画面前方的人物属于这幅画的关键部分，所以要先画里侧的人物，画笔找到感觉之后再开始画关键人物。

③ 新建"图层2"，用于画线稿

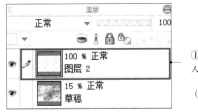

① 从位于里侧的人物开始画线稿

（②和③见右图）

② 把"淡芯铅笔"工具的笔刷尺寸设为"3.1"，硬度设为"100"，笔刷浓度设为"35"

03 如果感到形状整体失衡，可以用"选区"工具圈起来，使用菜单栏的"编辑"→"变换"，通过"自由变换"进行修改。如果属于细微调整，在速度上，这种方法比使用"橡皮擦"工具擦掉重新画要快。这正是CG的强大之处。

① 新建"图层4"

② 选择"套索"工具

（③ 见右图）

③ 使用"自由变形"，对圈起来的部分进行调整

04 下面开始画衣服。服装上加上金色的纽扣和肩章等饰物之后，瞬间变成了一件像模像样的军服。穗带（军服肩部位置垂下的金色丝线）属于小配件，因此画线条时不画，上色的时候添上去即可。

05 把头发也一起画上。为了方便画线条，这里把画面进行了水平翻转。加上发饰，遮住双马尾辫的上部。

① 新建"图层5"

② 在"导航窗口"面板中单击水平翻转按钮

（③ 见右图）

③ 在"图层5"中画头发，在"图层4"中画发饰

06 由于感觉右手稍微有点不自然，所以把它擦掉了。为了重新画，用蓝色画出了草图。一起画出了搭在三公主肩上的左手的草图。三公主的位置不确定的话，左手没法细致刻画，所以暂时先放在那里。

① 新建"图层6"，用于画左手草图

④ 隐藏画草图用的"图层6"

（②和③见右图）

② 画手的草图   ③ 修改后的样子

07 下面画三公主的线稿。通过不同的表情刻画，表现出人物各自的性格。大公主好胜、热情奔放；二公主重视纪律，生性认真严肃；三公主缩手缩脚，令人感觉懦弱。三公主的衣服是连衣裙与军服融为一体而又一分为二的设计。

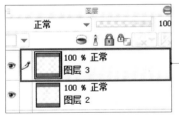

① 新建"图层3"，用于绘制三公主的线稿

（②见右图）

② 绘制三公主的线稿。在"图层2"中刻画脸部

08 三公主的线稿画完之后，再次显示画大公主手臂部分的草图，绘制手部的线稿。

修改绘制大公主线稿用的图层名称

再次显示"图层6"

绘制大公主左手的线稿

09 下面开始绘制二公主的线稿。尽管这是一幅背景占大部分的图画，但是读者首先看到的还是人物，所以要打起精神来画。我个人比较喜欢嫣然一笑的表情。由于草图阶段未对人体结构进行精确调查，所以在这里重新描绘人物的素体。

浅浅显示画好的素体，然后开始描绘服装。

⑤ 把"图层4"的不透明度降到"47％"

⑥ 选择"图层3"

⑦ 设置描画色

① 选择"图层4"

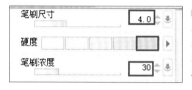

② 把"淡芯铅笔"工具的笔刷尺寸设为"4.0"，硬度设为"100"，笔刷浓度设为"30"

③ 设置描画色

（④～⑧见右图）

⑧ 按照素体绘制服装线稿。其设计为军服与裙装一分为二的样式

④ 在"图层2"中仅描绘脸部，画完后，在"图层4"中刻画二公主的素体

10 观察发现脖子稍微有点长，使用"套索"工具，把头部与颈部的线稿圈起来，使用"移动和变换"工具调整位置。

① 选择"图层2"

② 选择"套索"工具

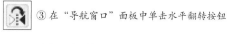

③ 在"导航窗口"面板中单击水平翻转按钮

（④见右图）

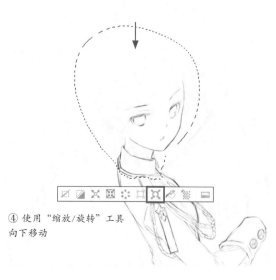

④ 使用"缩放/旋转"工具向下移动

11 由于人物的地位较高，所以金饰也稍微豪华一些。金饰部分画好一面后，对其进行复制，使用"自由变换"和"网格变形"工具，使其沿着形状变形，并粘贴。

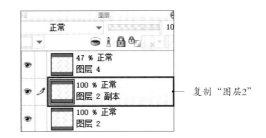

复制"图层2"

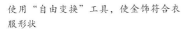

使用"自由变换"工具，使金饰符合衣服形状

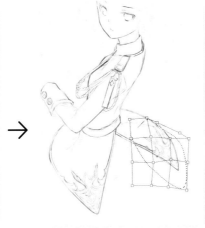

使用"网格变形"工具，使细节部分按衣服形状发生歪斜

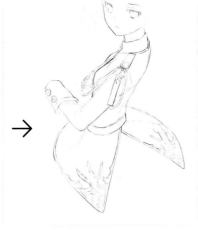

调整金饰部分形状

12 在其身后加上一块轻轻飘曳在后方的布条。画出裙子的详细草图。这里用的是可隐隐约约看到里面的透视装素材。

① 选择"图层3"

② 切换为"钢笔"工具

③ 选择"G笔"工具，并把其笔刷尺寸设为"15.4"，不透明度设为"57"

④ 设置描画色

透视花边

画出裙子的草图

13 裙子边缘的线稿是先画好一部分，然后将其复制，使用"自由变换"工具使其歪斜，重复"粘贴"动作绘制而成。部件粘贴与变形完成后，把图层合并。

① 新建"图层6"，用于绘制裙子线稿

② 把"G笔"工具的笔刷尺寸设为"15.4"，不透明度设为"100"

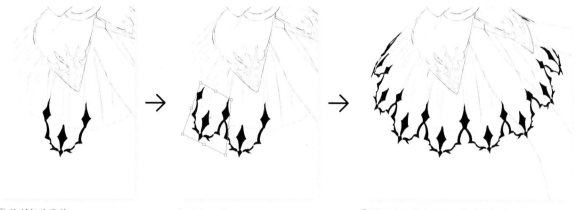

③ 绘制裙边线稿   ④ 对线稿进行变形   ⑤ 将所需数量变形后，将图层合并

14 下面开始画下半身。为了使结构能够一目了然，先把裙子内部画上。高跟鞋在鞋子当中也是尤其难以刻画的。这里要照着买来作为资料用的娃娃的鞋画。

① 新建"图层7"

② 选择"铅笔"工具

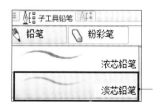

③ 选择"淡芯铅笔"工具，并把其笔刷尺寸设为"5.0"，硬度设为"100"，笔刷浓度设为"30"

15　下面绘制头发的线稿。画的时候，要注意头顶的头旋与发梢的走向。此外，我还把头发的一部分画成了翅膀的样子。接下来画军帽的线稿。军帽中央镶了一枚很像那么回事的徽章。这枚徽章与衣服的金饰部分的设计相似。

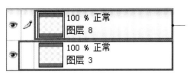

③ 绘制头发的线稿

① 新建"图层8"，用于描画军帽

（② 见左下图）

（③ 见上图）

（④ 见右下图）

② 新建"图层3"，用于描画头发线稿

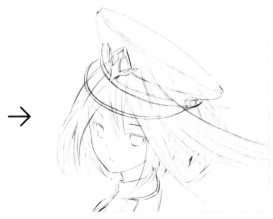

④ 绘制军帽的线稿

16　在"图层2"上画手和胳膊。由于人物戴着手套，所以用浅浅的笔触画上纤细的褶皱和接缝。

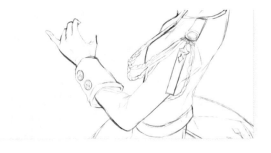

17　先用"直线"工具画出望远镜主体的轮廓线，然后沿着轮廓线加上镜头和装饰。

新建"图层9"。画好望远镜主体部分的直线后，与"图层2"合并

画出望远镜的轮廓线

描画望远镜的细节部分

18 确定背部蝴蝶结的位置。在画面上画出它的走向，这是一个用来引导视线的道具。蝴蝶结不画线稿，将在后面上色时画出来。到这里，人物线稿就画好了。

② 选择"钢笔"工具

③ 选择"G笔"工具，并把其笔刷尺寸设为"15.4"，不透明度设为"100"

① 选择"图层4"

（②~④ 见右图）

④ 设置描画色

绘制背景的线稿

01 人物线稿已经完成，下面开始绘制背景线稿。长直线部分对准"透视尺"画，细节装饰部分和"曲线"脱离，徒手刻画。

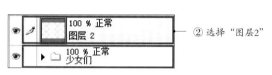

② 选择"图层2"

① 把人物部分的线条画汇总到一起

画面左侧设计了一个装有沙漏的柱子。这是一个计时器吧？我只管大胆使用了粗糙的笔触画出直线部分，表现出了一种逼真的感觉

02 一起画出位于右侧前方的甲板的线稿。到这里，位于人物前面的背景线稿绘制完毕。

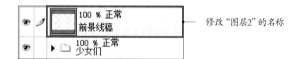

修改"图层2"的名称

03 接下来画二公主站立的甲板的线稿。首先从水管画起。如果线条画得过于笔直，CG的痕迹就会非常明显，所以尽管使用"透视尺"，但是水管接头处的线条要有一些歪斜。后面弯曲的部分画上褶皱。然后，在水管与细管接头部分画上零部件，给水管上部和接头部分添加笔触，对细节部分进行调整。

② 选择"淡芯铅笔"工具，并把其笔刷尺寸设为"9.0"，硬度设为"100"，笔刷浓度设为"30"

④ 选择"淡芯铅笔"工具，并把其笔刷尺寸设为"7.0"

③ 描绘卡住水管的金属零件

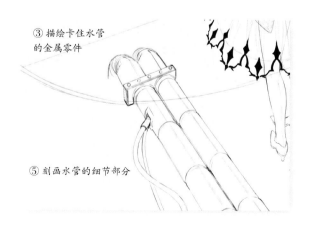

① 新建"图层2"

（②~⑤见右图）

⑤ 刻画水管的细节部分

04 下面画甲板的轮廓线。甲板的断面画出了一条缓缓的曲线，加上笔触，仔细表现这一点。

 选择"淡芯铅笔"工具，并把其笔刷尺寸设为"7.0"，硬度设为"100"，笔刷浓度设为"30"

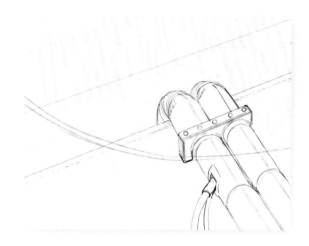

05 显示"透视尺1"图层，描画位于椅子前方的栏杆。

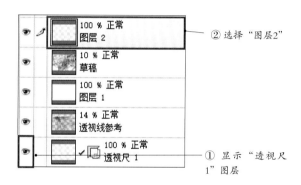

② 选择"图层2"

① 显示"透视尺1"图层

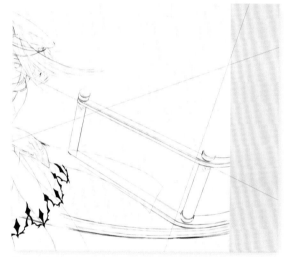

③ 为了表现出金属的厚重感，下方线条画得粗一些

06 画栏杆的上半部分。在这里，直线部分也对准"透视尺"，曲线与细节部分徒手描画。

选择"图层2"

07 栏杆位置使用对角线法分配确定（参考第13页）。把栏杆的末端互相连接起来，把它看作一个四边形，在对角线位置上画线，就会找出中央位置。重复这一步骤，就会把栏杆部分分成8等份，加上立柱。左侧立柱虽然与外侧的粗立柱相接，但是由于我想着重表现这一部分的密度和宽度，所以故意做成了这种配置。

① 新建"图层3"

② 切换为"钢笔"工具

③ 选择"G笔"工具，并把其笔刷尺寸设为"15.4"，不透明度设为"100"，消除锯齿设为"中"

④ 设置描画色

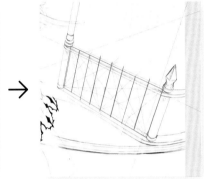

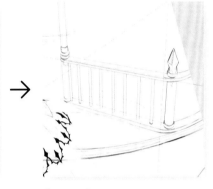

⑤ 画出四边形和对角线，找出中心　　⑥ 把栏杆部分分成8等份　　⑦ 画上栏杆立柱

08 在栏杆旁边画上齿轮。在草图阶段，这一部分画得很粗略，所以重新仔细进行了草图绘制，然后再转移到线稿绘制。这处齿轮密集部分的原型是机械钟表的内部结构。

徒手认真描画，刻画出细微的纵线、齿轮侧面的起伏和阴影。

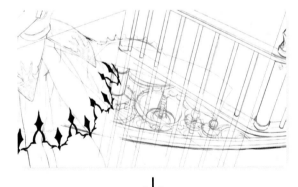

选择"淡芯铅笔"工具，并把其笔刷尺寸设为"7.0"，硬度设为"100"，笔刷浓度设为"30"

09 下面绘制类似于屋顶部分的线稿。首先，使用"直线"工具画上立柱，然后再逐渐深入描绘细节部分。立柱与立柱的接合部分加上特别细致的装饰，避免使结构看上去过于简单。

① 选择"图层4"

② 选择"直线"工具

（③～⑤见右图）

④ 选择"淡芯铅笔"工具，并把其笔刷尺寸设为"7.0"，硬度设为"100"，笔刷浓度设为"30"

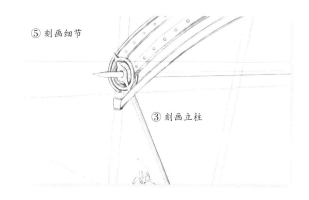
⑤ 刻画细节
③ 刻画立柱

10 我在画面上方画上了甲板。虽然也与构图有关，但是描绘大的看不完整的物品，会令人产生这幅图的框架向外延伸，眼前的世界非常开阔的感觉。

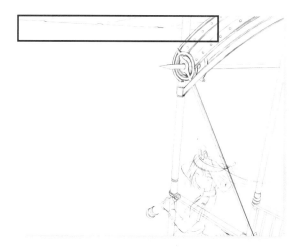

11 使用"曲线"工具，仔细刻画屋顶部分。接下来描画传声筒。二公主从这里向船员发号施令。在传声筒的侧面，我贴上了便条纸等物品。

① 新建"图层5"

② 选择"曲线"工具

（③和④见右图）

⑤ 新建"图层6"

（⑥见右图）

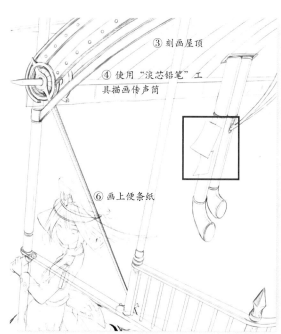
③ 刻画屋顶
④ 使用"淡芯铅笔"工具描画传声筒
⑥ 画上便条纸

极彩色的魔术师
藤原CG插画绘制技法

 下面绘制比二公主站立之处低一层的甲板的线稿。楼梯部分使用"直线"工具平行画2条斜线，沿着这两条斜线画出楼梯的拐角。

① 选择"图层3"

② 选择"直线"工具

（③ 见右图）

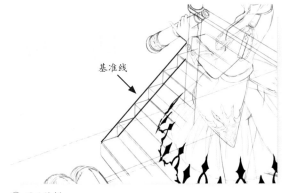

③ 刻画楼梯

 描画旗台兼照明设备。按照设定，此处到了晚上会发光。把新艺术式的"曲线"纳入设计当中是我的大爱。

① 新建"图层3副本"图层。画好旗台兼照明设备后，将其与"图层3"合并

② 选择"淡芯铅笔"工具，并把其笔刷尺寸设为"7.0"，硬度设为"100"，笔刷浓度设为"30"

（③ 见右图）

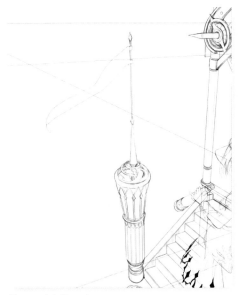

③ 描画旗台兼照明

 在水平翻转显示的状态下，从旗台的底部画直线，画出每段的差异。加上细线笔触，表现出质感。

① 选择"图层3"

② 在"导航窗口"面板中，单击水平翻转按钮

（③ 见右图）

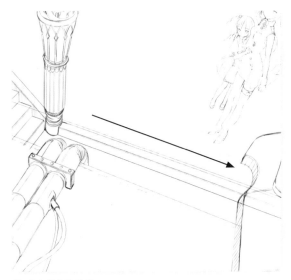

③ 画出每段的差异

15 在位于楼梯后方的场所周边也画上高低不平的落差。从位于前方的落差的起点开始，用淡青色向后方画透视线，推算出落差画到什么地方合适再开始画落差。

选择"图层3"

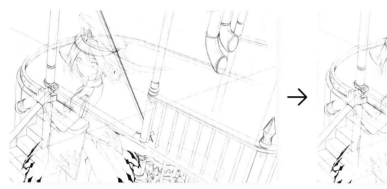

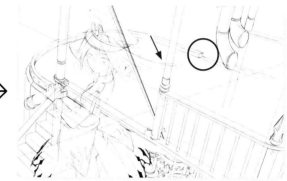

16 下面开始画栏杆。首先画栏杆上方的线，并大致分成4等份。到这里为止，没有使用对角线法，而是用目测法画线。

① 新建"图层5"

② 选择"G笔"工具，并把其笔刷尺寸设为"15.0"，不透明度设为"100"，消除锯齿设为"中"

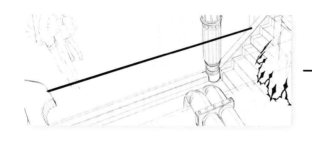

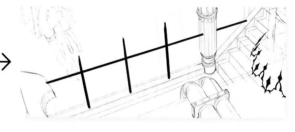

17 用对角线法找出4等份区域中的立柱位置并画上。由于栏杆的横杆部分形状是扁平的，需要注意它与旗台接合部位的形状。此处与其说是线稿，不如说是填充。由于属于细致的部件，与费尽心思画好线稿再上色相比，把这片区域一下子填充上色，然后再给其中的部分上色要快一些。

选择"图层5"

用"橡皮擦"工具擦掉重叠的部分，擦的时候注意形状

把栏杆上面的横杆线条加粗，并画上尖角装饰

18 位于楼梯后方的栏杆完全是用目测方法确定立柱之间的间隔。从位于画面前方的栏杆起画透视线，确定位置后，再用"淡芯铅笔"工具刻画后方的栏杆。同时，后方的旗台也一起画上。

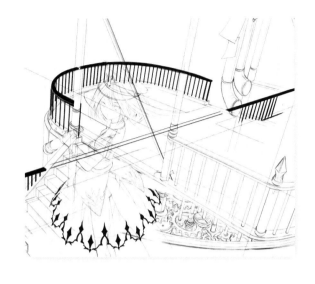

选择"图层5"

19 在"图层5"中，描画位于后方的大公主和三公主站立的甲板。用"透视尺"和"曲线"工具画出外围线条。再横着画上几条线，表示连接处。

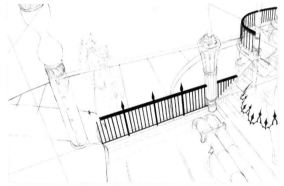

选择"淡芯铅笔"工具，并把其笔刷尺寸设为"7.0"，硬度设为"100"，笔刷浓度设为"30"

20 在齿轮密集的部分与像是围在其外侧的立柱的位置画上浅浅的紫色。为了避免单调，我画的齿轮样式各不相同。
从位于前方的齿轮中央突出来一根立柱。

③画出立柱的位置

①新建"图层7"，并把其不透明度设为"27%"

②设置描画色

（③见右图）

④设置描画色。选择"淡芯铅笔"工具，并把其笔刷尺寸设为"7.0"，硬度设为"100"，笔刷浓度设为"30"

（⑤见右图）

⑤画上齿轮

21 齿轮周边环绕的螺纹画出一条后，再对其进行复制，使用"自由变换"工具，沿着透视线变形增加螺纹。

新建"图层8"。画完一条螺纹后，再复制增加

22 螺纹上方的弯曲状物体看上去不好看，于是把这一部分擦掉换上了顶端尖锐的部件。这样，线稿就基本上快完成了。

把螺纹上部的图层合并

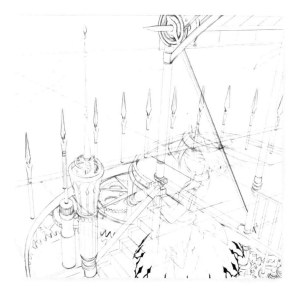

23 比大公主和三公主所在甲板更远的背景不画线稿，直接上色，所以这部分暂时放着就可以了，剩下还没有画的部分是位于画面右侧的椅子周围与甲板曲线图案的线稿。但是，由于线条结构复杂，很难看清楚，所以先对人物进行分涂上色，调整一下整体氛围。

给人物线稿分涂上色

01 将皮肤、头发、服装1~3和金属部件分别粗略涂上不同的颜色。线稿的溢出用"橡皮擦"工具擦掉，画上蝴蝶结。

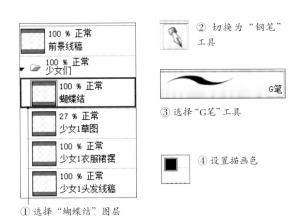

100 % 正常 前景线稿	
▶ 100 % 正常 少女们	
100 % 正常 蝴蝶结	
27 % 正常 少女1草图	
100 % 正常 少女1衣服裙摆	
100 % 正常 少女1头发线稿	

① 选择"蝴蝶结"图层

② 切换为"钢笔"工具

G笔

③ 选择"G笔"工具

④ 设置描画色

分涂上色，并用"G笔"工具画出蝴蝶结

02 尽管人物线稿全都汇总到了"少女们"的图层组当中，但是为了编辑方便，选择大公主和三公主的线稿并将其挪出图层组，另建一个图层组。"少女1"图层组中为二公主的线稿，"少女2少女3"图层组中是大公主和三公主的线稿。

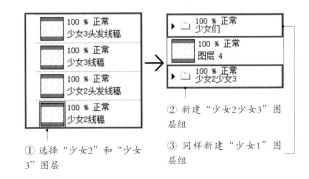

100 % 正常 少女3头发线稿	
100 % 正常 少女3线稿	
100 % 正常 少女2头发线稿	
100 % 正常 少女2线稿	

① 选择"少女2"和"少女3"图层

▶ 100 % 正常
少女们

100 % 正常
图层 4

▶ 100 % 正常
少女2少女3

② 新建"少女2少女3"图层组

③ 同样新建"少女1"图层组

03 给大公主和三公主以及前方的立柱和屋顶分别涂上颜色。

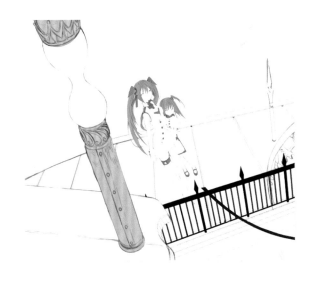

线稿完工

01 返回线稿绘制作业。下面开始刻画椅子部分。按照设定，它与甲板部分相同，是金属做的，仅扶手处蒙了皮革。紧挨椅子侧面的机械构思来自于打字机。或许是使用这一设备操纵飞船。

① 新建"图层10"

② 选择"淡芯铅笔"工具，并把其笔刷尺寸设为"7.0"，硬度设为"100"，笔刷浓度设为"30"

③ 设置描画色

02 由于感觉椅子上方屋顶的横梁过长，使用"套索"工具圈起来，向左大幅挪动。之前用浅浅的淡青色画出了挪到什么位置合适。挪完之后，使用"自由变换"工具，使之符合透视。

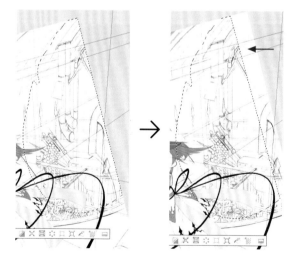

① 选择"图层4"

② 选择"套索"工具

03 在空间空出来的右侧加上线稿。由于屋顶的移动，原来被传声筒遮住的后方旗台也能看到了，所以这里也修改一下。复制前方的旗台，使用"自由变换"工具对其进行变形处理，并放入画面中。

04 给背景分涂上色。与人物部分不同，此处的区分方法较为粗略。如果属于宽阔而又重视阴影的空间，划分过细的话，会破坏画面的气氛和统一感。反之，如果属于陪衬物充满室内等重视色彩的空间，则会按部分仔细进行分涂上色。
在这里，删除了一部分红地毯线稿，并调整了宽度。

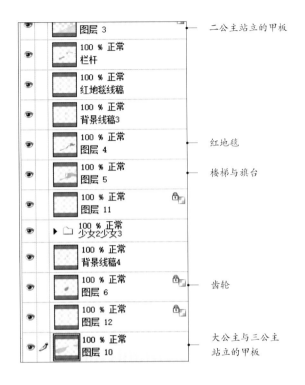

05 把草图图层挪到上色图层上面，并以此作为标线，给甲板画上曲线装饰。装饰不是使用油漆涂刷而成，而是用金属制作，所以稍有厚度。下部的线画得略粗一些，边缘画出积墨，表现出立体感。结合整体的平衡，配置树叶、花朵形状以及几何图案作为装饰。

 ② 选择"淡芯铅笔"工具，并把其笔刷尺寸设为"9.3"，硬度设为"100"，笔刷浓度设为"30"

 ③ 设置描画色

 ⑤ 新建"图层14"

 ⑥ 把"淡芯铅笔"工具的笔刷尺寸设为"7.0"

① 在"图层18"上绘制前方甲板的装饰

（②~⑦ 见右图）

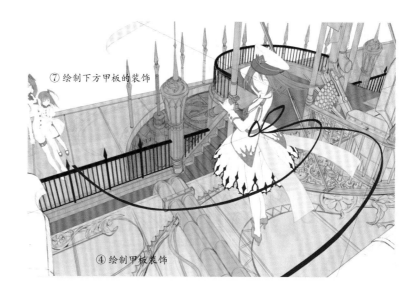

⑦ 绘制下方甲板的装饰

④ 绘制甲板装饰

06 加上后方传声筒和方向舵等更为细致部件的线稿。

选择"图层14"

07 新建一张画布绘制方向舵，在新建画布上画出方向舵的基本形状。虽然返回原来的画布，并把它粘贴上去了，但是原样不动的话缺乏立体感，所以对其侧面进行了进一步的刻画。

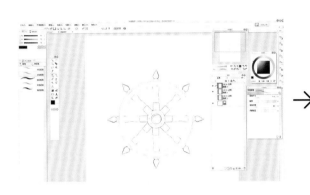 →

08 给传声筒和方向舵内部也涂上颜色。上色图层为与传声筒和方向舵连在一起的甲板图层。
线稿及其分涂上色工作完成。这一阶段的数据可以下载，请将其用作上色练习等用途。

 ② 选择"G笔"工具，并把其笔刷尺寸设为"30.1"，不透明度设为"100"，消除锯齿设为"强"

 ③ 设置描画色

① 选择"图层5"

（②和③ 见右上图）

📥 数据

线稿和分涂上色工作完成后的psd文件下载地址发布于新浪微博@牛奶系_绘画营养阅读，请前往免费下载

给人物上色

01 下面进入上色阶段。即便是背景占绝大部分的插画，也是首先从人物开始上色。从浅颜色开始，逐渐反复涂上深颜色。尽管这里采取的上色方式较为柔和，但是在阴影处（明暗交界处）会用力画上硬朗的线条。

④ 在脸颊上加入红色，并把不透明度调整到"21％"

① 新建"少女1皮肤"图层

（②和③ 见下图）

（⑤ 见下图）

② 涂上浅浅的皮肤色

③ 加上阴影

⑤ 给脸颊加上红色

02 在"少女皮肤"图层上画上眼睛。皮肤与眼睛的图层没有分开。眼睛的具体画法请参考第48页。

选择"少女1皮肤"图层

→

03 在"少女线稿"图层中，把眼睛下部、鼻子和嘴巴的线稿分别改成茶色、茶色和茶红色。这是为了使颜色与线稿的颜色相配。

选择"少女1线稿"图层

04 在"少女1"图层组的最上层新建一个"少女润色"图层。用深蓝色刻画眉毛，加深印象。

② 设置描画色。把"G笔"工具的最大半径设为"6.6"，浓度）设为"31"，消除锯齿设为"强"

① 选择"少女润色"图层

（② 见右图）

05 新建一个不透明度为27%的"正片叠底"图层，用"喷枪"工具给脸部涂上橘色，营造出明快的感觉。

新建"正片叠底"图层

→

06 下面给衣服上色。尽管衣服是白色的，但是需要注意，仅仅使用白色和灰色等非彩色色调上色的话，会显得索然无味。颜色的使用方法依据色彩远近法进行。如果白色物体旁边有彩色物体，纳入彩色物体的颜色，表现色彩的反射也是一种手段。这次的服装是军服，而且我想表现出一种笔挺的冷峻感，所以没有混上黄色。即便同是"白色"，但如果淡淡地混入黄色，就会成为一种柔和的白色，具有温暖的感觉。

选择"少女1衣服2"图层

转向后方的部分混有蓝色

阴影部分主要使用含有紫色的灰色

明暗交界处以及向外侧凸出的面稍微混上粉红色

当然，并不是所有的色彩都根据色彩远近法确定，但在不知如何配色时，我总是暂时把这种方法作为指南。

07 结合右上方设有光源这一点，一并画上蝴蝶结的影子。蝴蝶结的根部距离衣服近，结的位置距离衣服远，这一细微的距离感也可以通过阴影表现出来。

① 选择"少女1衣服2"图层

 ② 选择"淡芯铅笔"工具，并把其笔刷尺寸设为"7.0"，硬度设为"100"，笔刷浓度设为"30"，手颤修正设为"中"

 ③ 设置描画色

08 下面画白色的连裤袜。与前面所述的衣服相同，主要使用灰紫色刻画阴影。此外，为了表现从连裤袜隐隐透出的皮肤色，我也稍微给它加上了一点橘色。

① 选择"少女1皮肤"图层

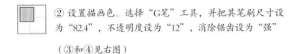

② 设置描画色。选择"G笔"工具，并把其笔刷尺寸设为"82.4"，不透明度设为"12"，消除锯齿设为"强"（③和④见右图）

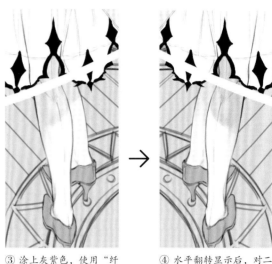

③ 涂上灰紫色，使用"纤维渗化"工具渗化

④ 水平翻转显示后，对二公主的小腿部分仔细进行刻画

09 接下来给头发上色。首先，为了使头发与皮肤的交界处显得自然，使用"喷枪"工具，在刘海附近加上皮肤色。

① 选择"少女1头发"图层

② 设置描画色。把"喷枪"工具的笔刷尺寸设为"207.4"，混合模式设为"正常"，硬度设为"11"，笔刷浓度设为"16"，手颤修正设为"中"

✏ 技巧

影子与距离的法则

右图是把笔斜放在纸上的图。光源位于正上方。

纸与笔几乎相接的部分，影子颜色深，形状也很清晰。笔与影子的距离也较近。

在纸与笔距离较远的部分中，影子颜色较浅，形状也略微模糊。笔与影子的距离也较远。

牢记这一法则，使用阴影，就可以演绎出物体与物体的距离感。

10 头发虽然设定的是蓝色，但是我并没有拘泥于这一固有颜色，而是混入了粉红色、绿色和黄色等各种颜色。把钢笔的不透明度设为10%左右，这样即使反复上色，也能透出下面的颜色。与第2章中描绘的黑发人物相比，此处发色略浅，这种隐约显露的色感会一直保留到后面。

在使用多种颜色的同时，一点点反复涂抹影子，也能表现出立体感。尤其是这种发型特别的人物，把头发分成几束"发束"，确定好表面头发和里层头发，就容易表现出立体感。

11 下面给军帽上色。我已经习惯在基色中加入粉红色、黄色和淡青色。在此基础之上，使用不透明度为19%的"G笔"工具，整体铺上一层黑色，再加上阴影和高光。

选择"少女1衣服1"图层

12 下面给裙子上色。首先用灰紫色大致画上阴影。再使用"喷枪"工具加上粉红色。

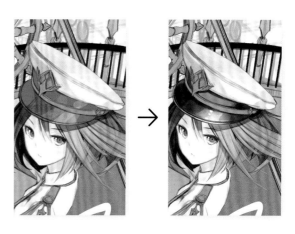

① 选择"少女1衣服3"图层

 ② 设置描画色。选择"喷枪"工具的"柔和"，并把其笔刷尺寸设为"480.2"，混合模式设为"正常"，硬度设为"11"，笔刷浓度设为"6"

13 选择"少女1线稿2"图层，使用"套索"工具，把裙子里面的腿部圈起来并"剪切"。"粘贴"之后，就会建立一个"少女1线稿2副本"图层，这样各部件就会分开。分开图层，可以仅对这一部分的不透明度进行调整或者擦掉线稿。

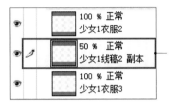

改变"少女1线稿2副本"图层的叠加顺序，并把不透明度调整为"50%"

14 在"少女1衣服3副本"图层内，涂上腿部、地板和后方楼梯的颜色，表现出一种"微微的透明感"。

① 选择"少女1衣服3副本"图层，上完色后，把不透明度调整为"60%"

 ② 适当调整描画色。选择"不透明水彩"工具，并把其笔刷尺寸设为"89.6"，颜料量设为"60"，颜料浓度设为"46"，色延伸设为"32"，硬度设为"100"，笔刷浓度设为"85"

15 用紫色加上细微的褶皱和阴影。在这里，使用"G笔"工具，把鼓出的部分涂上紫红色，转向里侧的部分涂上蓝色，中间部分涂上黄色。此外，为了表现出装饰的厚度，在边缘加上蓝色。

选择"少女1衣服裙摆"图层

16 新建一个"正片叠底"图层，留下腿部，把周围涂成紫红色。把不透明度调整为30%，与画着裙子的"少女1衣服3"图层合并。

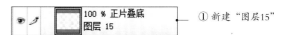

① 新建"图层15"

② 选择"不透明水彩"工具，并把其笔刷尺寸设为"64.1"，颜料量设为"50"，颜料浓度设为"46"，色延伸设为"32"，硬度设为"100"，笔刷浓度设为"85"

17 在裙子边缘加上发白的淡青色，强调轮廓。
裙子的线稿颜色为深紫色，这里把它改成了深蓝色。

① 选择"少女润色"图层

② 选择"G笔"工具，并把其笔刷尺寸设为"10.1"，不透明度设为"33"，手颤修正设为"中"

③ 设置描画色

（④和⑤见右图）

⑤ 在"少女1衣服线稿"图层中修改线稿的颜色

18 使用"喷枪"工具，在裙子中央部分加上高光。然后，沿着边缘加上淡淡的高光。

① 新建"图层15"，并把其混合模式设为"线性减淡（发光）"

② 设置描画色。选择"喷枪"工具的"柔和"，并把其笔刷尺寸设为"136.3"，混合模式设为"正常"，硬度设为"11"，笔刷浓度设为"21"

（③见右图）

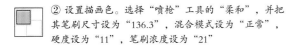

③ 加入高光，并把图层的不透明度降到"40%"。再在裙皱处加上淡淡的高光

给衣服装饰与次要人物上色

01 接下来给人物背部飘动的布条上色。由于它与上衣的质地相同，所以是一种同样以灰紫色作为基色，再时不时地加上几笔不同颜色的感觉。为了表现出布料的厚度，在边缘加上略深一些的灰紫色。同时，结合距离感，画上蝴蝶结的影子。

① 选择"少女1衣服1"图层

② 选择"不透明水彩"工具，并把其笔刷尺寸设为"45.8"，颜料量设为"60"，颜料浓度设为"46"，色延伸设为"32"，硬度设为"100"，笔刷浓度设为"85"

（③ 见左下图）

④ 选择"G笔"工具，并把其笔刷尺寸设为"13.0"，不透明度设为"14"，消除锯齿设为"强"

③ 用灰紫色涂上蝴蝶结的影子

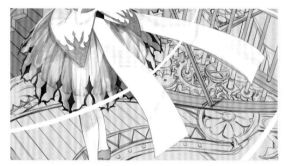

⑤ 在蝴蝶结上加上淡淡的蓝色影子

02 下面给高跟鞋上色。一边观察玩具娃娃穿的高跟鞋，一边用"G笔"工具上色。

选择"少女1衣服2"图层

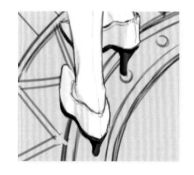

给位于画面前方的左脚涂上淡淡的橘色和黄色，给位于后方的右脚涂上紫色

03 给望远镜的圆筒部分上色。使用发暗的蓝绿色与发亮的紫色画出些许立体感之后，画上交叉线条图案，表现出质感。然后，使用蓝白色画上交叉线条图案，加上高光部分。

选择"少女1衣服1"图层

使用不透明度为23%的"G笔"工具描画图案

04 用深蓝色刻画手的阴影等部分。高光部分稍微加上一点明亮的淡青色，调整明暗。

05 接下来给望远镜的装饰和衣服的纽扣等金属部件上色。使用不透明度为30%的"G笔"工具，给阴影部分加上紫色后，再用茶色进一步强调阴影。这时候不仅要刻画粗略的阴影，由于装饰起伏而形成的细小阴影也不要忘记。此外，还要给肩章以及蓝色的挂牌状饰物也分别加上颜色。

选择"金属部件1"图层

06 新建一个"线性减淡（发光）"图层"图层7"，用明亮的奶白色加上高光。转向后方的部分使用"喷枪"工具增加紫色，表现出纵深感。

不冲淡轮廓，像画小点一样，用"G笔"工具加上高光，表现出金属和金线的质感

07 下面给蝴蝶结上色。轮廓并不是全部刻画均一，它与衣服交界处不明显的部分要逐一进行刻画。这时，在轮廓上加上隐隐的粉红色等颜色。

选择"G笔"工具，并把其笔刷尺寸设为"7.9"，不透明度设为"46"，消除锯齿设为"强"，手颤修正设为"中"

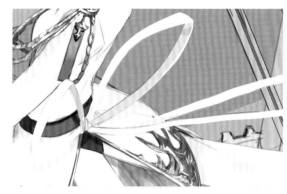

在"蝴蝶结"图层上用灰紫色大致画出阴影，再用细"G笔"工具刻画蝴蝶结的轮廓

08 为了能够让完工图像看上去更清楚，用灰色粗略地描画二公主站立甲板的阴影。由于背景使用纯以灰色填充的装饰画法着色，所以以非彩色为主。哦，右手前方的影子画得不对……应该是影子与右侧的屋顶处于同一水平线上。这里在最终调整时进行了修改。

09 在这一阶段，由于想表现出某种程度的质感，所以上色时保留"不透明水彩"的笔迹。

设置描画色。选择"不透明水彩"工具，并把其笔刷尺寸设为"35.6"，颜料量设为"60"，颜料浓度设为"46"，色延伸设为"32"，硬度设为"100"，笔刷浓度设为"85"，手颤修正设为"弱"

10 下面对少女的明暗度进行调整。先整体复制"少女1"图层组。选择复制的图层组，使用菜单栏的"图层"→"合并所选图层"进行合并。

把复制的"少女1"图层组合并

✎ **技巧**

纯以灰色填充的装饰画法中的着色

纯以灰色填充的装饰画法是用单色描绘物体的阴影，然后在上面使用"叠加"方法上色的技法。我主要在背景的一部分的描画上采用了这种技法。其最大的优势在于，画者能够不为颜色所迷惑，表现出阴影和重量感。此外，由于后续容易对色感进行修改，所以可以根据整体的气氛适当做出调整。建议自我感觉不善于上色的人也使用这一方法。例如，"可用单色描画，但是用到颜色就不行了"的人以及"不知道如何选颜色"的人。

但是，在画法的特点上，由于它容易形成粗略的"厚涂"质感，所以对于"漫画上色"等需要鲜艳而又干净利落的上色效果时，这种画法并不适合。纯以灰色填充的装饰画法的应用范围很广，请用各种方法试试看！

01　用单色画出物体后，在其上新建一个"叠加"图层。在这一图层上，涂上各部件的固有色。由于彩色位于同一个图层，所以不用特别在乎部件与部件的交界线，这样涂出来的效果会更加有气氛。我仅用这一方法，画了一个上完颜色的女孩图像。

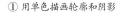

① 用单色描画轮廓和阴影　　② 在"叠加"图层涂上颜色图像使用正常模式显示

02　使用"正片叠底"图层，稍微加上阴影；使用"线性减淡"图层，加上光线，这样的完成效果就很漂亮啦！

11　下面调整二公主的明暗。使用"喷枪"工具给脸部和腿部的一部分加上皮肤色，脸色不显得过于难看之后，再用紫色填充。此外，虽然画面上没有画出，但是根据设定，在三姐妹站立甲板的上方，还有一层像屋顶一样覆盖着的甲板，所以给直到人物腰部为止的部分都大致加上阴影。

②加上皮肤色后，用紫色填充

①把混合模式调整为"正片叠底"

（②和③见右图）

③把不透明度调整为"51％"后，使用"橡皮擦"工具把不需要的部分擦掉

12　新建一个"线性减淡"图层，使用"喷枪"工具加上高光。

新建"少女光线"图层，并把不透明度设为"36％"

13　给大公主和三公主上色。上色方法与给二公主上色的方法基本相同，使用透明度低的钢笔，反复上色，画出阴影。白色的衣服也尽量不要使用非彩色，而是使用混有各种颜色的灰色上色。

14 下面描画在线稿阶段未刻画的穗带。穗带的影子也不要忘记哦！

15 对大公主与三公主的明暗也进行调整。基本步骤与调整二公主的明暗时相同。使用"喷枪"工具，给皮肤部分加上皮肤色。然后，把图层的不透明度降到27%。

把复制的"少女2少女3副本"图层组合并，并调整不透明度

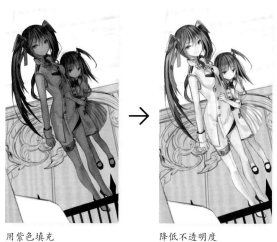

用紫色填充　　　　　　　降低不透明度

16 人物上色工作基本结束。

给王座周围物体上色

01 复制"王座周边1"图层,并将其隐藏。这是为了在刻画阴影时表现出统一感。将"王座周边1"图层与"王座周边2"图层合并。隐藏的"王座周边1"副本图层将在纯以灰色填充的装饰画法上色时使用。

① 复制"王座周边1"图层

② 将"王座周边1"图层与"王座周边2"图层合并

02 从管道开始上色。使用纯以灰色填充的装饰画法,尽管后面会通过"叠加"方式上色,但是在底色上加上配色也很有效果。底色的颜色与"叠加"加入的颜色混在一起,形成了一种复杂的色调。

① 选择"王座周边2"图层

(②~④ 见下图)

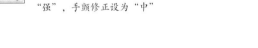② 选择"G笔"工具,并把其笔刷尺寸设为"58.9",不透明度设为"39%",消除锯齿设为"强",手颤修正设为"中"

④ 转向后侧的部分涂上蓝色

③高光处涂上粉红色

03 使用"G笔"工具,用茶色强调水管接头部分。为了表现出水管带有锈迹已略有年头的感觉,线条不画得笔直,而是画成细细碎碎的线条。使用"油彩平笔"工具,在水管侧面画上大片的茶色。由于有反射光,所以轮廓的边缘不上色。加上螺丝和高光。

④ 选择"油彩平笔"工具,并把其笔刷尺寸设为"25.4",颜料量设为"42",颜料浓度设为"66",色延伸设为"6",笔刷浓度设为"79",手颤修正设为"中"

⑤ 设置描画色

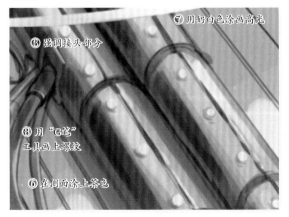

⑦用奶白色涂画高光

③强调接头部分

⑧用"G笔"工具画上螺纹

⑥在侧面涂上茶色

仔细刻画水管的细节部分

① 选择"G笔"工具,并把其笔刷尺寸设为"23.4",不透明度设为"24%",消除锯齿设为"强",手颤修正设为"中"

② 设置描画色

(③~⑧ 见右图)

04 复制"王座周边2"图层。选择副本图层，用"油彩平笔"工具在阴影上涂上茶色。这一工具如其名称所示，是用类似于油彩的笔触描绘的画笔。适合用于一边上色，一边添加质感。把图层的不透明度设为37%，并与原"王座周边2"图层合并。

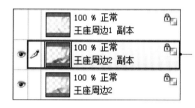

① 新建"王座周边2副本"图层

（②～③见右图）

② 选择"油彩平笔"工具，并把其笔刷尺寸设为"148.3"，颜料量设为"42"，颜料浓度设为"66"、色延伸设为"6"，笔刷浓度设为"79"，手颤修正设为"中"

③ 设置描画色

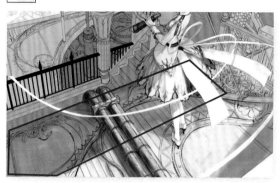

05 仔细绘制齿轮密集处的阴影。结合齿轮间的距离感，用"G笔"工具刻画阴影。接下来刻画椅子的阴影。首先，在椅子右后方画上位于画面前方的屋顶的影子。然后，在椅子侧面也加上类似于打字机的设备和前方扶手的阴影。由于笔迹具有质感，所以画好之后放起来就可以了。

06 在一定程度上画好阴影后，给从上方遮住椅子的屋顶部分上色。这里是位于画面上部的甲板的投影部分，但是由于影子当中也有细小的阴影出现，所以，与其他部分相同，在右上方设置了一个光源，用紫色或焦茶色画上阴影。整体的阴影将在后面加上（参考第206页）。
用奶白色加上高光。

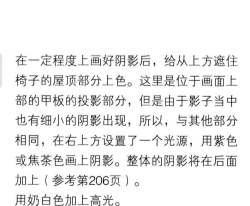

07 给便条纸上色。便条的内容也用"粗芯铅笔"工具写上。从使用了透明胶纸粘贴便条纸这一点上，可以看出这个国家的文明程度非常高。此外，在传声筒上也画上便条的颜色，表现出颜色映照的感觉。
给传声筒后方的柱子也画上阴影。

08 略微降低"王座周边2"图层的饱和度。通过"色调调整"→"色相/饱和度/明度"，把饱和度设为-22。

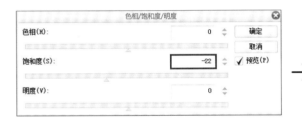

09 接下来要表现装饰细腻的立体感。用"油彩平笔"工具快速加上土黄色和红色，用焦茶色粗略描画阴影。在装饰与甲板的交界处，使用"喷枪"工具浅浅地加上紫黑色。

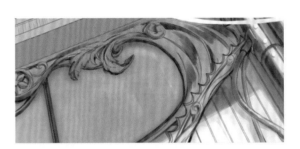

10 给其他装饰部分也同样涂上颜色。由于属于金属部件，所以需要注意，在涂深颜色的时候，要有力度；添加高光的时候，也要有力度。尽管这样，如果用力过猛，描画区域会很宽，这样看上去会格外显眼，所以这里"闪闪发光的感觉"要比人物的金属部件稳重一些。

用奶白色画上高光

11 甲板上的明度如果处处相同，就会令人感觉没有轻重张弛之分，所以新建一个"正片叠底"图层，使用"G笔"工具，把装饰的一部分用茶色调暗。

把"图层3"的图层不透明度设为"70%"，并与"王座周边2"图层合并

12 再次给椅子上色。使用茶色，把扶手蒙着皮革的部分稍微调暗。给皮革边缘加上深茶色，表现出立体感。给打字机上色时也要表现出硬质感。

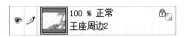

选择"王座周边2"图层

使用"导航窗口"面板，把画布倾斜−15°绘制

13 给屋顶里侧的支柱加上淡淡的青灰色，以便与传声筒相区别。然后，给屋顶内侧也涂上颜色。

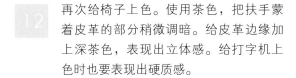

选择"油彩平笔"工具，并把其笔刷尺寸设为"25.4"，颜料量设为"42"，颜料浓度设为"66"，色延伸设为"6"，笔刷浓度设为"12"

14 给画面上部的甲板上色。由于外部有光线进入，所以甲板边缘稍微亮一些。

适当调整描画色。选择"G笔"工具，并把其笔刷尺寸设为"18.2"，不透明度设为"36"，消除锯齿设为"强"

15　提高甲板部分的质感。不是画线条，而是像盖章一样，"砰"地下笔，表现出岩石纹理一般的质感。

选择"油彩平笔"工具，并把其笔刷尺寸设为"266.8"，颜料量设为"42"，颜料浓度设为"66"，色延伸设为"6"，笔刷浓度设为"50"，手颤修正设为"弱"

16　使用"喷枪"工具，在甲板边缘加上浅浅的影子。同样，给位于椅子对面的甲板边缘也加上影子。

适当调整描画色。选择"喷枪"工具，并把其笔刷尺寸设为"413.8"，混合模式设为"正常"，硬度设为"16"，笔刷浓度设为"34"

17　新建一个"叠加"图层，给投下阴影的甲板的金属装饰部分涂上黄色。如果仅仅使用一种颜色，会给人以单薄的感觉，所以我使用带有橘色的黄色、发白的黄色以及不显眼的黄色等各种各样的黄色。尽管说是纯以灰色填充的装饰画法，但是并不能过于依赖基础阴影，在"叠加"图层上也画上阴影是一种不错的方法。

新建"图层3"，用于上固有色。

阴影部分也涂上紫色等颜色

18　打字机的基色也为黄色，给阴影涂上紫色。用奶白色给高光部分上色，表现出金属的光泽感。

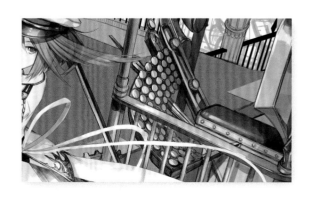

19　给屋顶的金属部分上色。颜色虽然涂到了屋顶内侧，但是这样的话，界线融为一体，表现出了一种柔和的感觉，所以保留这种颜色。

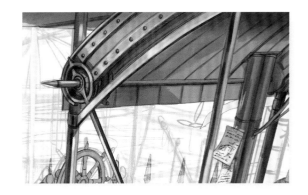

　设置描画色。选择"喷枪"工具，并把其笔刷尺寸设为"567.9"，混合模式设为"正常"，硬度设为"11"，笔刷浓度设为"9"，手颤修正设为"弱"

20　新建一个"叠加"图层，给甲板的装饰部分加入蓝色。把图层的不透明度降到70%。

　① 新建"图层4"

　② 选择"G笔"工具，并把其笔刷尺寸设为"32.7"，不透明度设为"100"，消除锯齿设为"强"，手颤修正设为"中"

　③ 设置描画色

（④ 见右图）

④ 把不透明度调整为"70%"，使甲板颜色更搭配

21　在画面右端，用"喷枪"工具加上蓝色以表现气氛。顺便说一下，之所以这一蓝色部分的图层单独分开，是因为这样的话，后面可以修改颜色。我曾经尝试使用红色涂画，但是配色显得像正统派的蒸汽朋克风格，所以先把其余部分上好颜色，如果这里红色显得服帖，就改变颜色。暂时将其改回蓝色。

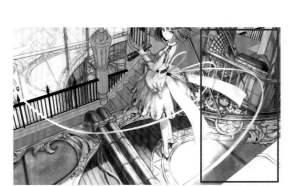

③ 用蓝色给甲板右端上色

　① 选择"图层4"

　② 选择"喷枪"工具，并把其笔刷尺寸设为"671.7"，混合模式设为"正常"，硬度设为"11"，笔刷浓度设为"9"，手颤修正设为"弱"

（③和④ 见右图）

④ 尝试用红色上色

 此处绘制前景的大致阴影与底色。首先，
用灰紫色给阴影部分上色。然后，做出沙
漏的底色。考虑到光源位于右侧，因此给
金属部分也涂上颜色。金属部分颜色最深
的阴影放在圆柱中心附近。到这一状态，
暂时先把前景放在一边。

① 在"前景1"图
层中刻画支柱的阴
影

② 在"前景2"图层中刻画沙漏与支柱
的基色

中央部分留下白色，外周
涂上灰紫色，边缘部分加
上薄薄的淡青色

圆柱右侧被直射的光源照
射，左侧被反光照射，所
以画得稍微明亮一些

 显示隐藏的"王座周边1副本"图层，并
将其改为"叠加"模式。由于这是用土
黄色填充的图层，所以王座周围的金属
部分较为显眼。

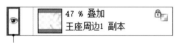
显示"王座周边1副本"图层

 给下面的甲板上色。给里侧快速涂上暗
青色，表现出远近感。

① 复制"方向舵周边"图层。上完色后，把不透明度调整为
"50%"，并与原来的图层合并

 ② 设置描画色。选择"喷枪"工具的"柔和"，并把
其笔刷尺寸设为"939.7"，混合模式设为"正常"，
笔刷浓度设为"26"

25 选择"方向舵周边"图层，刻画阴影。尽量保留笔迹，以表现出质感和逼真感。不要忘记给旗台最外侧的边缘部分画上反光光线。阴影主要使用灰蓝色，反光主要使用淡青色，明亮的一面主要使用淡淡的奶白色。

 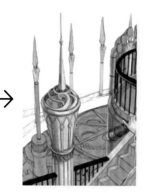

使用"油彩平笔"工具加　　　　使用"G笔"工具仔细刻
上阴影　　　　　　　　　　　画

26 在"红地毯"里侧也同样快速涂上深蓝色，加上能够表现远近感的阴影。

① 设置描画色。选择"喷枪"工具的"柔和"，并把其笔刷尺寸设为"794.5"，混合模式设为"正常"，硬度设为"11"，笔刷浓度设为"14"

② 复制涂上颜色的"红地毯"图层，并把其改为"正片叠底"模式，把不透明度改为"60%"，合并。

27 进一步仔细刻画方向舵及位于其左侧的传声筒周围的阴影。新建一个"正片叠底"图层，把地板部分涂上发黑的蓝色。把图层的不透明度设为75%，并与"方向舵周边"图层合并。

⑤ 设置描画色

③ 新建"正片叠底"图层

① 选择"方向舵周边"图层
（② 见右图）

④ 选择"喷枪"工具，并把其笔刷尺寸设为"730.5"，混合模式设为"正常"，硬度设为"11"，笔刷浓度设为"6"，手颤修正设为"弱"

（⑤和⑥ 见右图）

② 描画方向舵与传声筒的阴影

⑥ 把地板颜色涂暗

28 选择"扶手"图层，给扶手内侧上色。使扶手吸附于"透视尺"，画出顶面与侧面的分界线，给顶面涂上浅浅的淡青灰色。由于线条画起来比较困难，因此将画面水平翻转后再画线。

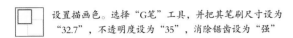 设置描画色。选择"G笔"工具，并把其笔刷尺寸设为"32.7"，不透明度设为"35"，消除锯齿设为"强"

29 为了表现气氛，在里侧栏杆上涂上不显眼的绿色，并描画出栏杆末端的尖状部件、顶面的高光和细小的阴影等。

 ① 选择"喷枪"工具，并把其笔刷尺寸设为"406.0"，混合模式设为"正常"，硬度设为"11"，笔刷浓度设为"44"，手颤修正设为"弱"

 ② 设置描画色，给扶手部分上色

 ③ 选择"油彩平笔"工具，并把其笔刷尺寸设为"10.1"，颜料量设为"42"，颜料浓度设为"66"，色延伸设为"6"，笔刷浓度设为"72"，手颤修正设为"弱"

 ④ 设置描画色，描绘高光

30 选择"背景线稿3"图层，使用"G笔"工具，仅把旗台外周的线稿涂成白色，表现出立体感。

① 选择"背景线稿3"图层

 ② 选择"G笔"工具，并把其笔刷尺寸设为"27.7"，不透明度设为"100"，消除锯齿设为"强"，手颤修正设为"中"

使用叠加图层给甲板上色

01 新建一个"叠加"图层，给甲板上色。首先从旗台开始。使用"喷枪"工具给整体涂上淡青色之后，使用"G笔"工具，涂上固有色。为了能够表现出色调的统一感，关键在于上色时底色要保留淡淡的蓝色。给旗台中央向画面前方凸出的部分加上橘色，表现出立体感。

 ① 新建"图层6"

 ② 选择"喷枪"工具，并把其笔刷尺寸设为"207.4"，混合模式设为"正常"，硬度设为"19"，笔刷浓度设为"19"，手颤修正设为"弱"

 ③ 设置描画色

 ④ 选择"G笔"工具，并把其笔刷尺寸设为"32.1"，不透明度设为"71"，消除锯齿设为"强"，手颤修正设为"中"

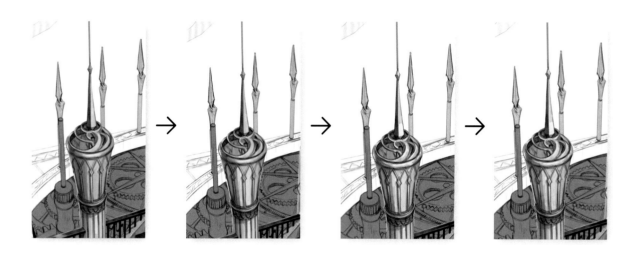

02 地板附近以不显眼的绿色为主，给阴影加上紫色。这里的笔迹也不需要与颜色糅合，保留即可。

 ① 选择"油彩平笔"工具，并把其笔刷尺寸设为"35.6"，颜料量设为"42"，颜料浓度设为"66"，色延伸设为"6"，笔刷浓度设为"72"，手颤修正设为"弱"

 ②设置描画色

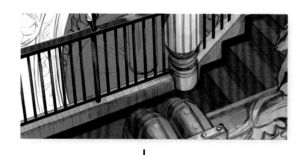

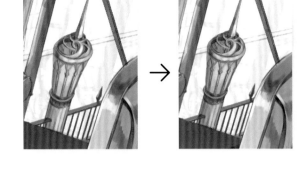

03 里面的旗台也使用同样方法上色。使用不透明度设为21%的"G笔"工具，给里面的旗台涂上紫色，表现出远近感。

 选择"G笔"工具，并把其笔刷尺寸设为"245.4"，不透明度设为"21"，消除锯齿设为"强"，手颤修正设为"中"

 ③ 设置描画色

04 新建一个"叠加"图层，使用"喷枪"工具把部分红地毯涂成粉红色。把人物周围涂成鲜艳的颜色，是为了让人物看上去更加突出。

 —— ① 新建"图层8"

 ② 选择"喷枪"工具，并把其笔刷尺寸设为"290.2"，混合模式设为"正常"，硬度设为"11"，笔刷浓度设为"29"，手颤修正设为"弱"

（③和④见右图）

④ 把二公主周围涂成粉红色，并把不透明度调整为"47%"

05 给方向舵和传声筒也加上颜色。方向舵为木制，边上似乎镶有金属装饰。方向舵下部也使用粉红色上色。

 —— 选择"图层6"

06 新建一个"线性减淡（发光）"图层

 —— 新建"图层9"

给方向舵和旗台的金属部分加上高光。

 ② 设置描画色

① 选择"G笔"工具，并把其笔刷尺寸设为"15.4"，不透明度设为"23"，消除锯齿设为"强"，手颤修正设为"中"

（② 见右图）

 用"橡皮擦"工具对传声筒的部分颜色进行调整。由于色调相近，打字机与传声筒原来连成了一体，这样处理之后，就表现出了距离感。

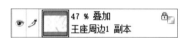

① 选择"王座周边1副本"图层

② 选择"橡皮擦"工具，并把其笔刷尺寸设为"75.8"，消除锯齿设为"中"，硬度设为"100"，笔刷浓度设为"13"

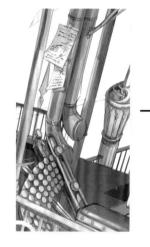 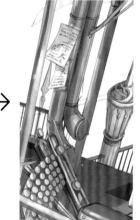

 给位于二公主下方的大公主和三公主站立的甲板上色。首先，画出阴影底色，再使用"喷枪"工具给里侧加上紫色，表现气氛。

① 选择"踏板"图层

② 选择"喷枪"工具，并把其笔刷尺寸设为"617.6"，混合模式设为"正常"，硬度设为"11"，笔刷浓度设为"14"，手颤修正设为"弱"

（③ 见右上图）

 ③ 设置描画色

極彩色的魔术师
藤原CG插画绘制技法

10　在这里发现三公主的腿有些短，所以对其进行调整。选择"少女2少女3"图层组，用"套索"工具把腿部圈起来移动，并把移动后空出来的部分补上。

① 选择"少女2少女3"图层组

（② 见右图）

③ 将"少女2少女3"的副本图层组合并

（④ 见右图）

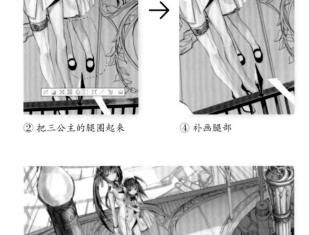

② 把三公主的腿圈起来　　④ 补画腿部

11　接下来给甲板上色。给光线照射的区域涂上发白的紫色。栏杆的影子也一起涂上。

① 选择"踏板"图层

 ② 选择"喷枪"工具，并把其笔刷尺寸设为"136.3"，混合模式设为"正常"，硬度设为"11"，笔刷浓度设为"38"，手颤修正设为"弱"

给人物被光线照射的部分涂上颜色

画出上层甲板栏杆的影子

12　接下来描画甲板和装饰的细节阴影。在甲板上用"油彩平笔"工具画上带有纹理的岩石，再用"G笔"工具画上斜线般的笔触。

13 新建一个"叠加"图层，给金属部分涂上颜色。

③ 新建"图层12"

① 新建"图层11"

（② 见左下图）

② 用发暗的橘色给金属部分上色

④ 用蓝色给后方的装饰部分上色

14 选择"齿轮"图层，给齿轮部分上色。这一部分用的不是纯以灰色填充的装饰画法，而是从一开始就画上了固有色。左侧有栏杆和旗台投下的阴影；右侧有前方甲板的投影，所以颜色发暗。

 ② 设置描画色。选择"喷枪"工具，并把其笔刷尺寸设为"441.5"，混合模式设为"正常"，硬度设为"11"，笔刷浓度设为"11"

 ① 设置描画色。选择"G笔"工具，并把其笔刷尺寸设为"64.1"，不透明度设为"30"，消除锯齿设为"强"

（② 见右图）

用"G笔"工具刻画左侧阴影，用"喷枪"工具把右侧调暗

15 由于旗台的影子还会延伸到甲板上，所以暂时返回"踏板"图层刻画影子。可能由于在上面的"叠加"图层涂上了橘色的原因，影子部分显出了橘色。这种色调很漂亮，就这样放着好了。

16 继续用"G笔"工具刻画齿轮部分的阴影。前方齿轮中心矗立着一根立柱。需要注意，投在这根立柱上的影子与其他部分的形状不一样。在后方浅浅地画上齿轮，表现出深度感。

17 新建一个"线性减淡"图层,使用"喷枪"工具用橘色给齿轮部分上色。

⑤ 把不透明度调整为"65%",并与"齿轮"图层合并

② 选择"喷枪"工具,并把其笔刷尺寸设为"480.2",混合模式设为"正常",硬度设为"11",笔刷浓度设为"11",手颤修正设为"弱"

18 给螺纹部分上色。这里的齿轮与螺纹部分也不用纯以灰色填充的装饰画法,而是使用普通的上色方法上色。

选择"螺丝"图层

19 从二公主站立的甲板到大公主和三公主站立的地方已经加上了颜色,下面对阴影进行调整。
新建一个"正片叠底"图层,用土黄色反复涂画右端装饰部分,使颜色显得稳重。在齿轮密集部分的前方也大致加上影子。

① 新建"图层16"

② 选择"G笔"工具,并把其笔刷尺寸设为"49.8",不透明度为"95",消除锯齿设为"强",手颤修正设为"中"

③ 设置描画色

(④~⑥ 见右图)

③ 设置描画色

④ 用橘色给齿轮部分上色

⑤ 设置描画色

④ 使右端装饰部分的色调显得稳重

⑥ 在齿轮部分画上来自前方的影子

新建一个"线性减淡（发光）"图层，使用"喷枪"工具给明亮的部分加上橘色光线，主要是栏杆上面与旗台等处。

在"少女2少女3"图层组上新建"图层17"，并把不透明度调整为"27%"

新建一个"线性减淡（发光）"图层，给二公主的裙子部分加上光线。

在"少女1"图层组上新建"少女光线"图层，并把不透明度调整为"36%"

给后方甲板也加上装饰。在前景的沙漏内画上蓝色的沙子。

在"前景2"图层中画上沙子

选择"叠加"模式的"图层3"，把前景屋顶的金属部分涂成茶色，屋顶内侧涂成紫色和粉红色。到这一状态后，暂时停下前景的绘制。

由于旗帜几乎位于画面的正中央，所以如果这里的描画密度过高，视线就会集中于此处，会妨碍视线向后方移动。所以，旗帜仅仅使用简单的颜色描绘

绘制飞船并上色：给天空上色

01 下面进入远景绘制作业。由于这一部分没有绘制线稿，所以是在浅浅显示草图的情况下从飞船的一部分开始画起。飞船也首先画上阴影。我设计的飞船造型是"以前的人类想象的未来的飞船"，带有一种复古情调。优先追求形状的趣味性，物理法则则完全忽略，不予考虑。

① 新建"图层19"

② 选择"淡芯铅笔"工具，并把其笔刷尺寸设为"7.0"，硬度设为"100"，笔刷浓度设为"30"，手颤修正设为"中"

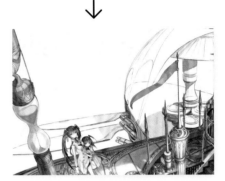

按照步骤刻画：先按部件描画轮廓，然后描画大致的阴影

02 画出一枚螺旋桨后，通过将其复制粘贴的方法，增加螺旋桨叶片数量。微妙的远近感则通过"自由变换"工具，使螺旋桨变形后表现出来。

"粘贴"螺旋桨叶片

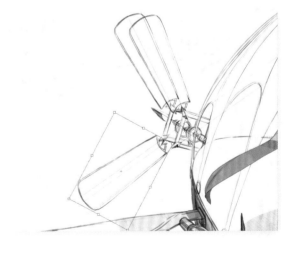

03 描画细小的部件，粗略加上阴影。由于螺旋桨是略带透明感的材质，所以后方的螺旋桨能够稍微透过看到。

设置描画色。把"G笔"工具的笔刷尺寸设为"58.9"，不透明度设为"24"，消除锯齿设为"强"

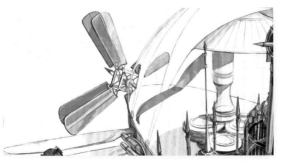

04　新建一个"正片叠底"图层，用灰蓝色反复涂画影子部分。

 70 ％ 正片叠底
图层 20
——① 新建"图层20"

② 设置描画色。把"G笔"工具的笔刷尺寸设为"49.8"，不透明度设为"95"，消除锯齿设为"强"，手颤修正设为"中"

05　再加画齿轮，使其吸附于"透视尺"，向甲板方向画线。这里的甲板是用木材组装起来的。

100 ％ 正常
图层 21
——① 新建"图层21"

 ② 选择"G笔"工具，并把其笔刷尺寸设为"12.0"，不透明度设为"52"，消除锯齿设为"强"，手颤修正设为"中"

06　另一边的机翼位置也一起画上。

 选择"淡芯铅笔"工具，并把其笔刷尺寸设为"14.0"，硬度设为"100"，笔刷浓度设为"30"，手颤修正设为"中"

07　使用不透明度调低的"G笔"工具把甲板部分画暗，给伞篷涂上颜色。

100 ％ 正常
图层 20
——① 选择"图层20"

 ② 选择"G笔"工具，并把其笔刷尺寸设为"58.9"，不透明度设为"17"，消除锯齿设为"强"，手颤修正设为"中"

08 下面描画甲板周围的扶手。扶手上面加上密密的白色高光。

① 选择"图层19"

② 选择"G笔"工具，并把其笔刷尺寸设为"12.0"，不透明度设为"52"，消除锯齿设为"强"，手颤修正设为"中"

09 对齿轮细节部分进行完善。齿轮体积有人的几十倍那么大。

10 复制"图层19"，沿着飞船的形状填充上色。把颜色改为白色，放在飞船图层下面。这样，画在下面的物体就能透出来了。

| | 100 % 正常 图层 19 |
| | 100 % 正常 图层 19 副本 |

把副本图层的颜色调整为白色，并放在"图层19"下面

11 新建一个"飞船2"图层，描画下一艘飞船。这艘飞船上面驮着玻璃的建筑，也是一艘形状古怪的飞船。在飞船2上画上刚才画的"飞船1"的叶片的影子，表现出二者之间的距离感。飞船1与飞船2飞行时紧挨在一起。

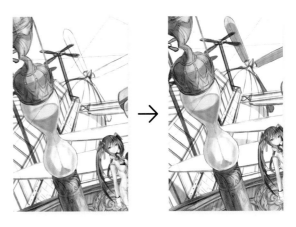

12 增加玻璃建筑物的骨架。用白色在玻璃
建筑物的上面加上光线。侧面稍微画
暗。与飞船1相同，在下面铺上白底。复
制"飞船2"图层，并把其调整为"正
片叠底"模式，涂上浅紫色。用"橡皮
擦"工具把受到光线照射的部分擦掉。
阴影显出了深度。

③ 复制"飞船2"图层

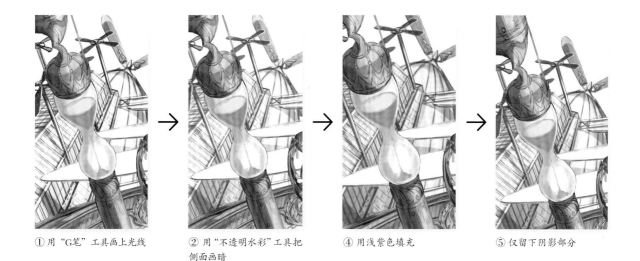

① 用"G笔"工具画上光线　② 用"不透明水彩"工具把侧面画暗　④ 用浅紫色填充　⑤ 仅留下阴影部分

13 下面描画位于里侧的第3艘飞船。为了画
起来更方便，把"飞船1"与"飞船2"
图层隐藏。由于在草图中只画出了大概
的样子，这里进行详细的草图绘制。它
的外形像一只生物。

用"G笔"工具绘制草图

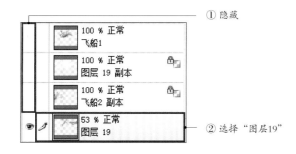

① 隐藏
② 选择"图层19"

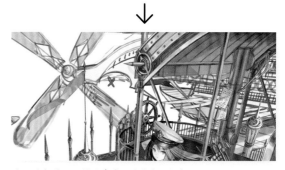

为了使交界处显得更清楚，快速涂上颜色

191

14 浅浅显示草图，并描绘位于右侧的飞船3的轮廓和阴影。直线部分吸附于"透视尺"描画。

② 在墙上画上螺旋桨的影子

③ 在窗上加上玻璃感觉的斜线

		100 % 正常 图层 21	

—— ① 新建"图层21"

（②~③见右图）

15 新建一个"正片叠底"图层，在整个飞船上加上淡淡的影子。这艘飞船同样在下面铺上白底。

		80 % 正片叠底 图层 20	🔒

—— 新建"图层20"，并把不透明度调整为"80%"

16 为了把握整体情况，在"草稿"图层下面放一个用淡青色填充的图层进行确认。

		100 % 正常 图层 19	🔒
		37 % 正常 草稿	
		100 % 正常 图层 22	

—— 新建"图层22"

17 整体看上去平衡似乎没有问题，接下来对细节部分进行刻画。完善齿轮的造型阴影。新增部件，提高密度。

		100 % 正常 图层 19 副本	

① 选择"图层19副本"

② 设置描画色。把"G笔"工具的笔刷尺寸设为"13.4"，不透明度设为"25"，消除锯齿设为"强"

细节部分用"淡芯铅笔"工具刻画

18 在飞船1的屋顶边缘与大炮上加上白色，表现出立体感。调整大炮的形状，给机翼也加上装饰。

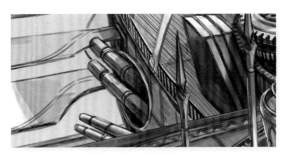

19 新建一个"线性减淡"图层，使用"喷枪"工具画上光线。使用略带有橘色感觉的黄色，这样就会更像太阳光。

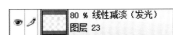

① 新建"图层23"

② 选择"喷枪"工具，并把其笔刷尺寸设为"1041.0"，混合模式设为"正常"，硬度设为"11"，笔刷浓度设为"19"，手颤修正设为"弱"

（③见右图）

③ 设置描画色

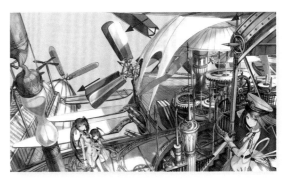

给飞船的机翼、玻璃建筑和齿轮处加上光线

20 选择"渐变"工具的"蓝天"，从画面上方开始，一直到地平线处，画出渐变。

① 选择"图层22"

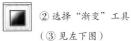② 选择"渐变"工具

（③见左下图）

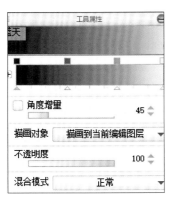

③ 按照左侧所示方法，设置渐变颜色

21 下面开始画云。积雨云使用"淡芯铅笔"工具描画，把笔刷尺寸设为25.7，笔刷浓度设为21。画接近地平线的卷云时，把笔刷尺寸设细即可。

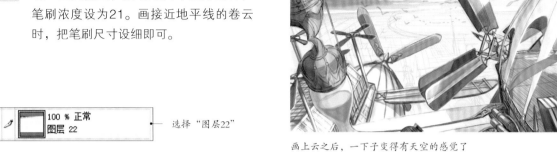

画上云之后，一下子变得有天空的感觉了

100 % 正常
图层 22 ————— 选择"图层22"

22 给地面大致涂上颜色，确认整体的气氛。首先，给大海部分涂上暗绿色；其次，涂上浅浅的茶色作为地面上部分的底色，沿着透视横线加上笔触；最后，在海洋的地平线附近画上白线，表现出反射太阳光的感觉。

100 % 正常
图层 24 ————— 新建"图层24"

23 用"G笔"工具给大地涂上颜色。使用像自然物、不显眼而又稳重的绿色。后方属于山岳地带，底色留多一些茶色。地面暂时这样放着就可以了。

24 返回飞船作业。给螺旋桨的边缘加上光线。

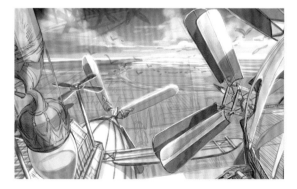

80 % 线性减淡（发光）
图层 23 ————— ① 选择"图层23"

② 设置描画色。把"G笔"工具的笔刷尺寸设为"13.4"，不透明度设为"71"，消除锯齿设为"强"，手颤修正设为"中"

25 把"图层19"的名字改为"飞船3"。新建一个"叠加"图层，给飞船上色。首先是齿轮部分。用"喷枪"工具粗略涂上颜色之后，再用"G笔"工具仔细着色。阴影部分使用紫色。

新建"图层19"，并将其设为"叠加"模式

26 给甲板涂上略深一些的茶色，用紫色添加阴影。

 设置描画色。选择"喷枪"工具的"柔和"，并把其笔刷尺寸设为"604"，混合模式设为"正常"，硬度设为"11"，笔刷浓度设为"19"，手颤修正设为"弱"

27 在伞篷阴影的交界线处涂上粉红色。

 设置描画色。把"G笔"工具的笔刷尺寸设为"68.5"，不透明度设为"21"，消除锯齿设为"强"

这里体现了色彩远近的效果

28 给支撑螺旋桨叶片的金属部件和大炮部分上色。

 ① 设置描画色。把"G笔"工具的笔刷尺寸设为"44.3"，不透明度设为"100"，消除锯齿设为"强"，手颤修正设为"中"

 ② 设置高光的描画色。把"G笔"工具的笔刷尺寸设为"44.3"，不透明度设为"28"，消除锯齿设为"强"，手颤修正设为"中"

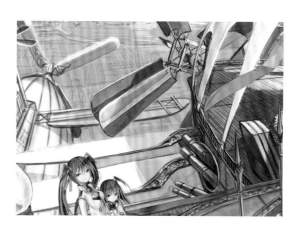

29　新建一个"叠加"图层，把飞船1~3的螺旋桨部分用"G笔"工具涂成蓝色。尽管复制这一图层把蓝色改成了茶色，但是蓝色也很难割舍，所以把蓝色版本隐藏保留。

把复制的图层改成茶色

30　给飞船2上色。玻璃建筑物以淡青色为主，下方的铁制部分使用茶红色上色。忽略物体的边界，用"喷枪"工具涂上茶色，使颜色具有协调感。

选择"图层19"

31　给飞船3上色。窗户部分使用蓝色，甲板和侧面使用茶红色系颜色。

适当调整描画色上色。把"G笔"工具的笔刷尺寸设为"76.4"，不透明度设为"29"，消除锯齿设为"强"

给窗户部分加上茶色，表现出窗户里面有东西的感觉

32　返回"飞船1"图层，给叶片和墙壁加上装饰。返回着色用"图层19"，用橘色和黄色给装饰部分上色。

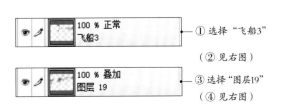

① 选择"飞船3"

（② 见右图）

③ 选择"图层19"

（④ 见右图）

② 加上装饰

④ 给装饰部分着色

用"G笔"工具给位于里侧重叠的螺旋桨反复涂上淡淡的蓝色。

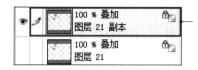

选择"图层21副本"

在飞船1的屋顶和甲板上画上浅浅的影子。给飞船2的玻璃部分涂上蓝色，削弱光线。

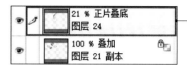

① 新建"图层24"，并把混合模式设为"正片叠底"

→

② 使用"油彩平笔"工具，画上灰紫色的影子

③ 使用"G笔"工具，给玻璃部分上色

新建一个"正片叠底"图层，用"G笔"工具在飞船1的伞篷上反复涂上奶油色。然后，在飞船3的侧面画上浅浅的紫色影子。

新建"图层25"

色调变柔和了

在飞船3的侧面画上紫色的影子

在这里，暂时返回前方飞船的描画工作。为了调整画面的节奏，新建一个"添加支柱"图层，加上两根柱子。沿着透视线画上的柱子是调整背景节奏的重要元素。

37　描画与上方甲板的接合部位，在上方甲板上加上茶色的影子。

新建"添加支柱润色"图层

38　在后方加上一艘新飞船。与前面画的3艘飞船相比，这艘飞船似乎更加机动、灵活。它可能是侦察部队的飞船吧。

新建"图层26"

画完后，把图层名称改为"飞船4"

39　与其他飞船相同，使用"叠加"图层上色。被太阳照射的部分使用"线性减淡"图层刻画光线。

③ 新建"线性减淡（发光）"图层

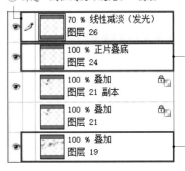

② 新建"图层24"，调整色调

① 给"图层19"上色

↓

40　与其他飞船相比，这艘飞船的颜色过于鲜艳，看上去格外惹眼，使用"套索"工具圈起来，在"色相/饱和度/明度"面板中，把饱和度调整为-47。

描画大海与村庄

01　再次开始描画地面上的风景。之前画地面上的风景时，似乎直接上色画起来要快一些，所以不使用纯以灰色填充的装饰画法。新建"图层27"，画上位于画面后方连绵起伏的山脉。由于是非常遥远的物体，所以不进行仔细的刻画，把被光线照到的部分和阴影部分分别作为一个面涂上颜色。

02　使用"油彩平笔"工具的轻巧笔触描画地面上的森林。之所以存在某种程度上规则的森林，是由于它是人工管理的森林，并且它也被用于城市、田地的分界线。我做出的设定是这样的。

设置描画色。把"油彩平笔"工具的笔刷尺寸设为"118.1"，颜料量设为"42"，颜料浓度设为"79"，色延伸设为"6"，笔刷浓度设为"52"

03　下面刻画村庄。使用"G笔"工具，用最低限度的形状和颜色刻画白色墙壁被光照射到的一面、有影子的一面及橘色的屋顶。相比仔细刻画每栋房子，这种描画方法在缩小时看起来更加真实。即便是实际的风景，也是近处的风景能够清楚地看到细节部分，远处的风景只能看到大致的形状。如果用超高密度描画地面上的景色，反而会破坏插画整体的远近感和气氛。

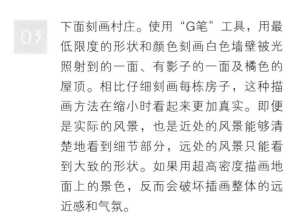

04　下面描画地上的道路。当然是没有铺筑的土路。接下来描画田地。每块地的色调呈现出微妙的差别看起来会更逼真。

描画田地与道路

设置描画色。把"G笔"工具的笔刷尺寸设为"28.7"，不透明度设为"50"，消除锯齿设为"强"

05　在稍微离开村庄的地方画了两栋房子，然后在村庄后面又画了一个村子。房子的周围有栅栏环绕，栅栏里面画了小粒的点点——可能是饲养着什么动物吧。

 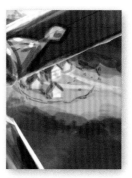

在离开村庄的地方画了两栋房子　　画上栅栏和点点

适当调整描画色。把"G笔"工具的笔刷尺寸设为"23.1"，不透明度设为"47"，消除锯齿设为"强"

06　由于长时间有人和马车通过，所以与周围的地面相比，路面有点低。在道路周围用绿色加上笔触，表现出微妙的下凹感觉。为了表现出规模感，在道路上画上几个人。
"哇——'维尔斯尼莱'！"
"我是第一次看到真的维尔斯尼莱人哎……"
他们可能在进行着这样的对话吧。一边胡乱猜测一边画。这样的过程很有趣！

用"G笔"工具画出道路的下凹部分与人物

07　位于后方的港口小镇上有栈桥伸入大海。由于有栈桥伸出，没办法，只好画上船啰。画上正统的帆船。

适当调整描画色上色。把"G笔"工具的笔刷尺寸设为"14.9"，不透明度设为"37"，消除锯齿设为"强"

在栈桥前方画上帆船

08 使用"纤维渗化"工具，冲淡后方的森林。

选择"纤维渗化"工具，并把其笔刷尺寸设为"18.6"，色延伸设为"69"，笔刷浓度设为"80"

09 在比帆船、港口小镇更远的画面后方，画上流入大海的河流。

设置描画色。把"G笔"工具的笔刷尺寸设为"23.1"，不透明度设为"31"，消除锯齿设为"强"

10 新建一个"正片叠底"图层，在地面上画上几朵云和船队的影子。

新建"图层27"。把图层名称改为"背景影子"

11　刻画云朵的细节部分。使用"修饰"工具的"云层纱布"，给高光部分涂上白色。

① 选择"修饰"工具

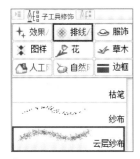

② 从子工具面板中选择"排线/砂目"→"云层纱布"

③ 进行如上图所示的设置

（④ 见右上图）

④ 设置描画色

12　描画云朵时，不仅要使用白色，在影子部分加上带有灰色感觉的紫色，在色调上会显得更加逼真。

① 选择"油彩平笔"工具，并把其笔刷尺寸设为"28.7"，颜料量设为"42"，颜料浓度设为"79"，色延伸设为"6"，笔刷浓度设为"19"，手颤修正设为"弱"

② 设置描画色

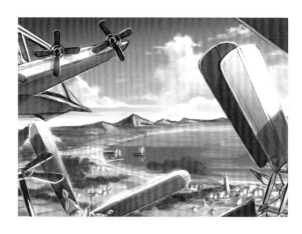

13　为了表现出云朵的走向，加上几朵卷云。至此，地面上的景色基本完成。

① 从"混色"工具选择"纤维渗化"，并把其笔刷尺寸设为"44.3"，色延伸设为"69"，笔刷浓度设为"33"，手颤修正设为"弱"

② 设置描画色

14　选择"少女2少女3"图层组，调整大公主和三公主的角度。选择图层，并把"旋转角度"设为3。

① 选择"少女2少女3"图层组

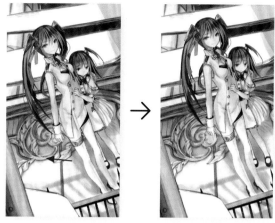

② 一起调整两人的角度

15　新建一个用淡青色填充的"滤色"模式的图层，并把它放在"踏板"图层的下面。这样一来，比大公主和三公主站立的甲板还要远的背景就不怎么显眼了。这是根据空气远近法规则进行的表现，即"在白天的室外，越远的景物越蓝得不显眼"。

新建不透明度为21%的"滤色模式"图层

16　使用"钢笔"工具描画前景。在刻画装饰的细节阴影的同时，在圆柱的中央部分也粗略地画上影子。用明亮的奶白色给圆筒的边缘加上反射光，用黄色刻画柱子的色调。

① 选择"G笔"工具，描绘反射光。把其笔刷尺寸设为"32.0"，不透明度设为"82"，消除锯齿设为"强"，手颤修正设为"中"

② 设置描画色

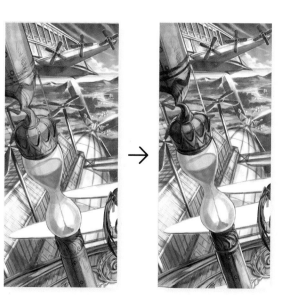

17 下面给沙漏的玻璃部分上色。为了表现出球体的圆润感，边画阴影边用紫色上色。玻璃内侧一面用深蓝色刻画。这是由于里面的沙子颜色映照在上面的缘故。沙子的影子也一起画上。

① 设置描画色。把"喷枪"工具的笔刷尺寸设为"486.0"，混合模式设为"正常"，硬度设为"11"，笔刷浓度设为"14"，手颤修正设为"中"

（② 见右图）

② 设置描画色。把"淡芯铅笔"工具的笔刷尺寸设为"14.9"，硬度设为"100"，笔刷浓度设为"100"，手颤修正设为"中"

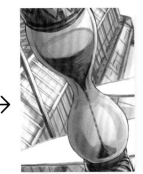

18 用白色画出闪闪发亮的高光。给装饰部分也画上高光。顺便说一下，沙漏的结构是沙子漏完之后会流入下方管道中，而新的沙子则由上方管道补充。

① 选择"G笔"工具，并把其笔刷尺寸设为"16.6"，不透明度设为"80"，消除锯齿设为"强"，手颤修正设为"中"

② 选择"G笔"工具，并把其笔刷尺寸设为"44.3"，不透明度设为"19"，消除锯齿设为"强"，手颤修正设为"中"

19 选择"线性减淡（发光）"图层的"图层22"，用橘色画上光线。

① 选择"图层22"

 ② 选择"喷枪"工具，并把其笔刷尺寸设为"751.0"，混合模式设为"正常"，硬度设为"11"，笔刷浓度设为"14"，手颤修正设为"弱"

 ③ 设置描画色

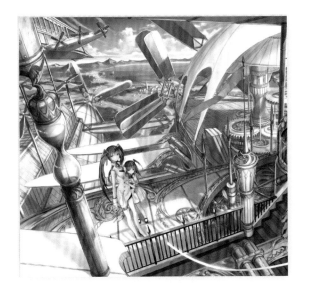

20　下面刻画天空中的鸟群。建议画上飞鸟，因为如果远处有鸟在飞翔，仅仅这一点就能强调出远近感和空间的辽阔感。由于位于远方，所以没有必要准确刻画鸟的形状。就是用白色画上许多海鸥形状的感觉。画的时候分出大小差别，这样鸟群本身也会体现出远近感。

21　新建一个"线性减淡"图层，在画面右侧，从"渐变"工具中选择"描画色透明"进行渐变。加上蓝色的光线，强调气氛。

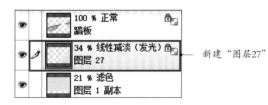

新建"图层27"

22　由于地平线看上去像陷没一样，所以使用"套索选区"工具，选择地平线与海一带区域，并将其稍微向上移动。

23　到这里，所有人物和物体均已大致描画完毕。但是，就这样的话，感觉画面是平的，没有远近感。各种颜色过于强调固有色，缺乏统一感。从这里开始，将进入对整体阴影和色调调整的过程。接下来可是持久战……

调整整体的阴影和色调

01 复制"王座周边"与"方向舵周边"图层，并把复制的图层合并。把混合模式改为"正片叠底"，用紫色填充。同样复制描画大公主与三公主所在甲板的"踏板"图层，用紫色填充，不要的部分用白色消掉。

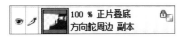

① 复制"王座周边1""王座周边2"和"方向舵周边"图层，并将其合并。然后把不透明度调整为"37%"

② 用紫色填充，适当使用白色消除旗台和二公主脚下等处的影子

③ 用白色消除大公主与三公主所在的甲板被阳光照射部分的颜色

④ 在画面前方画上影子，表现出远近感

02 在图层结构的最上面新建一个"线性减淡"图层。使用"渐变"工具的"描画色透明"，从画面右侧斜着向后涂上粉红色。

03 新建一个"叠加"图层，用蓝色填充整个画面，使用"喷枪"工具，仅把二公主周围与螺旋桨的一部分涂上粉红色。统一整体的色调，目的是使人物周围更为突出。

04 在复制的"前景2"图层上选择沙漏和屋顶，使用菜单栏的"滤镜"→"模糊"→"高斯模糊"滤镜，把"模糊范围"设为31.00。
这是为了达到照片中的"景深"效果。使用滤镜模糊人物前方的物体，会使整个画面表现出立体感。

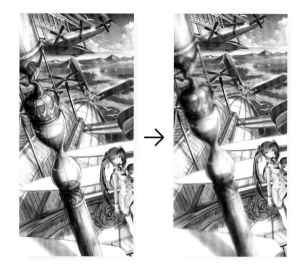

05 在甲板上画上人。由于人的大小在某种程度上是一定的，所以在表现规模感和距离感的时候画上。首先用焦茶色画出大致的轮廓和脚下的影子，然后再逐一仔细刻画。

06 在甲板部分贴上第127页中也使用过的矿石纹理。使用"自由变换"工具，沿着透视线调整形状后粘贴。把纹理的图层模式调整为"柔光"，并擦掉甲板外侧等不要的部分。

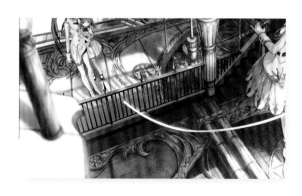

07 新建一个"滤色"模式的图层，从"渐变"工具选择"描画色背景色"，给整个画面加上深粉红色至淡青色的渐变。把画面前方画成粉红色，后方画成蓝色，由于色彩远近法的效果，整个画面就会产生远近感。

把不透明度调整为"15%"

08 主要进行了以下调整：

- 对大公主和三公主的影子进行了调整
- 给地毯边加上了图案
- 把二公主的眼睛部分涂成了蓝色，加强了眼睛的视觉效果
- 在椅子前方的立柱和部分屋顶上贴上了纹理
- 改变了螺旋桨的颜色
- 新建一个"线性减淡"图层，使用"喷枪"工具的"飞沫"在整个画面喷上了光点
- 整体贴上了一层浅浅的纹理

大功告成！

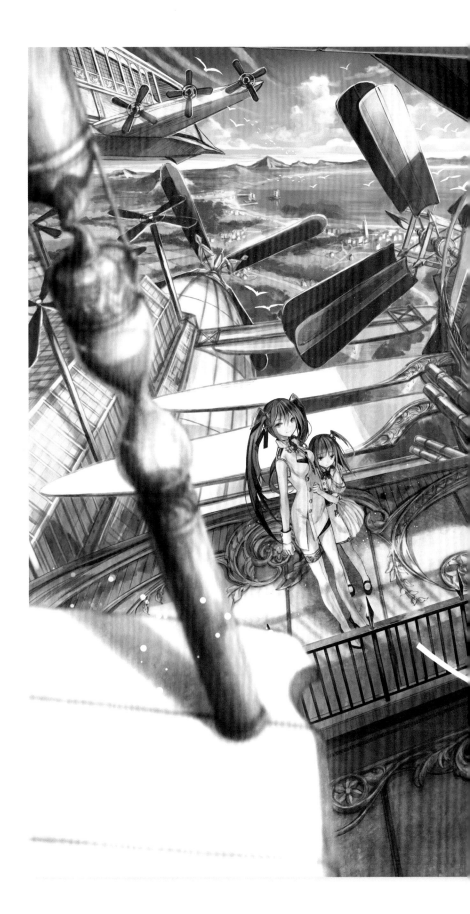

技巧

通过透视与物体的布局引导视线

沿着缓缓画出一道弧线的蝴蝶结，读者的视线从二公主移到大公主和三公主身上。从那里开始，视线沿着透视线投向画面后方，看向地平线的另一端。

透视线具有漫画中的"集中线"的效果。如果在透视线的消失点上设置人物，即使人物与背景色使用同一色系描绘，人物也会如预期般显眼。但是，这里面也隐藏着危险，也就是说，读者的视线不会移向人物以外的地方。

如果希望读者既看到人物也看到背景，毫无遗漏，那就不要在消失点上放置人物。设计时，把消失点放在后面，人物放在前面，在视线沿着人物到消失点移动的过程中就会看到整个画面。这幅图画在这方面花了心思。

特别收录

彩色插画画廊

1点透视法经常容易形成静止的画面。
但像这张画这样，把视平线斜置，就形成了一个具有动感的画面。
由于人物放在透视线的消失点上，
所以读者的视线一下子就会集中到人物身上。
此外，这张图的配色也是本书第86页中说明的"表现复古气氛的配
色"模式。

以人物为起点，在放射曲线上布置
上蓝色、粉红色、黄色的布和楼梯
的扶手，营造出画面的走势。
在画面前方空间大量使用粉红色，
随着向后方移动，使用深蓝色，整
个画面使用了色彩远近法。
但是，浮在空中的金鱼灯笼及远
景也使用了鲜艳的橘色，这是为
了使其显眼而有意为之。

仅仅在人物的头发和武器的一部分上使用了黑色，凸显了人物的存在感。
我在本书中也提到过，除了固有色以外，我基本上不使用黑色。
这张画也是一样，尽管充满了厚涂味道，但是我想在上色上表现出轻盈感。
也就是说，反过来，想描绘具有厚重感的图画时，大量混用黑色是一种不错的方法。

整个画面为红色、紫色、绿色，使用了色彩远近法。

请不要忽略位于画面后方的龙的身体。圆圆的身体向画面前方鼓出的部分使用了鲜艳的颜色，转向后方的部分则使用了发白的褪色感觉的颜色。这也是色彩远近法。

顺便说一下，在第2章中使用的吊饰的素材剪切自这张画。

这是一处以巴黎公园作为主题的真实的风景，与平时相比，色调也更具有现实感，
但整体上使用了橘色配色，具有一种唤起乡愁的感觉。
如果仔细观察，读者可以发现，画面前方的花和后面的背景都进行了模糊处理。这种表
现手法运用了照片中的"景深"效果。
为了引导读者的视线，我对不想突出表现的部分进行了模糊处理。